高等职业教育“十四五”规划教材
“广西农业职业教育集团合作办学”项目系列教材
“广西高职示范特色专业及实训基地建设”项目教材

园艺技术专业创新创业指导与案例分析

申晓萍　傅秀红　主编

中国农业大学出版社
·北京·

内容简介

本书在创业基本知识的基础上，围绕园林园艺技术专业开展创业项目活动进行编写，在内容的安排上以园艺技术专业所学习花卉、蔬菜、果树三大专业模块为主线进行创业项目分析，以"培养创业意识，激发创业热情，提高创业能力"为导向，精心提炼，旨在从实际出发，调动学生学习的积极性、主动性和创造性，是一部侧重应用、特色鲜明的应用型教材。

本书共分为4个章节，即绪论、花店经营与管理项目指导与案例分析、蔬菜生产与经营创新创业项目指导与案例分析、水果生产与经营创新创业项目指导与案例分析。每一章开头都设有"教学目标"，旨在通过知识目标、能力目标、素质目标让学生了解本章学习要达到的要求，在知识目标、能力目标中通过了解、掌握、学会等关键词，对教学内容进行指导，同时约束课后作业建设；在教学内容上除了每一项创业项目所必备的知识外，还有知识拓展，以巩固学生的创业基本知识；在花卉、蔬菜、果树三大创业项目里，用典型的案例对每一个创业项目取得成功的原因进行详细分析。

本书可作为高等职业院校、成人教育、五年制高职农业技术和林业技术专业学生创业教材，也可供有意向进行花店经营、水果和蔬菜生产与经营的社会人员参考。

图书在版编目(CIP)数据

园艺技术专业创新创业指导与案例分析 / 申晓萍，傅秀红主编. —北京：中国农业大学出版社，2021.8

ISBN 978-7-5655-2612-1

Ⅰ.①园… Ⅱ.①申…②傅… Ⅲ.①高等职业教育-园艺-工程技术-创造教育-研究 Ⅳ.①S6

中国版本图书馆CIP数据核字(2021)第174030号

书　名　园艺技术专业创新创业指导与案例分析
作　者　申晓萍　傅秀红　主编

策划编辑　司建新　林江娇　　**责任编辑**　司建新
封面设计　郑　川
出版发行　中国农业大学出版社
社　址　北京市海淀区圆明园西路2号　　**邮政编码**　100193
电　话　发行部 010-62733489,1190　　读者服务部 010-62732336
编辑部 010-62732617,2618　　出　版　部 010-62733440
网　址　http://www.caupress.cn　　**E-mail** cbsszs@cau.edu.cn
经　销　新华书店
印　刷　北京时代华都印刷有限公司
版　次　2021年11月第1版　2021年11月第1次印刷
规　格　787×1 092　16开本　7印张　170千字
定　价　28.00元

编审委员会

主　编　申晓萍　傅秀红

副主编　黄海生

参　编　卢　明　齐秀玲　陈慧仙　杨泽湘

审　稿　韦耀福

前 言

随着经济的发展，创业已是许多上班族的梦想，也是许多尚未投身职场的大学毕业生、准毕业生的就业之路，因此，投身创业的人越来越多。在 2014 年 9 月的夏季达沃斯论坛上，李克强总理发出"大众创业，万众创新"的号召，提出要在 960 万平方公里土地上掀起"大众创业""草根创业"的新浪潮，形成"万众创新""人人创新"的新态势。2015 年 3 月，"大众创业，万众创新"被写进了政府工作报告，在中国掀起了"草根创业"的新浪潮，鼓舞了没有走出校门的在校大学生的创业热情。特别是 2015 年 5 月国务院办公厅印发的《关于深化高等学校创新创业教育改革的实施意见》，提出了 9 项具体的实施意见，为高校的创新创业教育指明了方向。依据《国家中长期教育改革和发展规划纲要(2010—2020 年)》和《教育部关于全面提高高等教育质量的若干意见》精神，高等学校应创造条件，把创业教育有机融入专业教育，加强相关专业课程建设，把创业教育与大学生思想政治教育、就业教育和就业指导服务有机衔接。在此背景下，高职院校把"创业项目分析"作为专业必修课程，而本教材是园艺园林类专业该课程首选的配套教材。

如果想创业，首先应选择自己熟悉的行业进行创业。俗话说"隔行如隔山"，如果选择自己不熟悉的或者从来没有做过的行业进行创业，则风险很大，失败的可能性也很大。因此，本教材针对园艺园林类专业学生的专业特性，设定了适于该专业群的创业项目，有的放矢，为本专业学生的创业提供参考。本教材侧重应用，按照创业教育提出的"培养创业意识，激发创业热情，提高创业能力"的导向，以园艺技术专业主要创业项目(即花卉、果树和蔬菜)分析为脉络，以市场分析为重点，以风险控制为核心，是一部特色鲜明的、有助于创业型人才培养的、专业必备的应用型教材。

本教材由申晓萍、傅秀红担任主编，在编写过程中负责整部教材的审核和修订工作。本教材内容编写人员分工如下：申晓萍、陈慧仙负责第一章；卢明、齐秀玲负责第二章；黄海生、杨泽湘负责第三章；教材审核韦耀福。希望我们编写的创业教材能够助推高校的创新创业教育的开展，为园艺园林类专业在校生开展创新创业教育提供有益的借鉴。由于主编和参编人员能力有限，教材中错漏之处在所难免，真诚欢迎广大读者和同行对本教材的不当之处给予批评、指导和帮助。

编者

2021.6

目　录

绪　论

知识目标

- 了解大学生创新创业的现状与发展。
- 了解大学生创新创业的相关政策。
- 掌握园艺产品市场调查的步骤及方法。

能力目标

- 学会撰写市场调查报告。

素质目标

- 具有良好的职业道德和自律、诚信、进取的品质。
- 具有为大众服务的意识和艰苦创业的精神。
- 具有较强的爱岗敬业精神、事业心、责任心和社会责任感。
- 具有较强的沟通与协作、协调与组织能力，以及良好的团队精神和勇于创新精神。

一、大学生创新创业现状与发展

(一)大学生创新创业现状

随着社会经济的进步，在大众创业、万众创新的新形势背景下，我国政府出台各项政策，为创新创业发展的全面推进铺平道路，大学生创新创业呈现多元化发展趋势。据报道，我国高校基本已经形成各种具有代表性的创业生态系统模式。以高校为核心覆盖周边区域的创新创业主体生态系统的搭建，按照高校创新创业活动所组构的校级甚至省级大学生参与创新创业实践的活动，以及国家级创新创业大赛平台的出现，都为大学生创新创业的顺利开展和进行打下坚实基础。

虽然新形势下大学生创新创业整体所呈现出的发展现状较为“红火”，但毕竟由于发展时间有限，实践过程中大学生创新创业存仍在一些问题，比如展示平台的不足、师资基础薄弱、资金支持有限、考核办法甚至奖惩机制仍然有待完善等，这些都对大学生创新创业的后续稳定发展造成了一定阻碍。

1.高校创新创业科研项目不够完善

目前，我国大学生创新创业过程中存在问题最为明显的就是高校创新创业科研项目不够完善。结合实际来看，大学生创新创业过程必须要有良好的项目内容及技术资金支持，但现实情况是大部分高校资源往往较为有限。例如，多数高职院校可以开展科研项目的教师相对较少，这直接造成进行创新创业活动的大学生往往缺乏教师引导。即使大学生自行申请课题，最后成功率也极小。而普遍的大学生创新创业课题由于没有科研项目依托，最终结果也只能大概率放弃该方面课题而另谋方向。

2.部分大学生动手实践能力较弱

部分大学生动手实践能力较弱是我国大学生创新创业过程中存在的另一大问题。不少高校只是模式化进行创新创业课题选择，举办说教性质创新创业讲座，致使大学生缺乏兴趣，对“创新创业”慢慢产生抵触情绪，没有动手实践的积极性。

3.创新创业师资水平较为有限

创新创业师资水平往往决定了大学生创新创业的上下限。目前，创新创业教师对大学生创新创业的指导作用极为有限，且在实际教学期间也无法充分满足学生各种多元需求。现阶段各高校大学生创新创业期间会面临无人指导、遇到问题自己也无法解决的现象。

4.创新创业机制缺少专业规范性

创新创业机制缺少专业规范性也是目前我国大学生创新创业过程中存在的主要问题。虽然大部分高校对创新创业教育重视度已经有明确认知，但毕竟发展时间有限，绝大多数高校仍未形成一套系统的、完备的创新创业教育管理机制，从日常管控以及人才有效培养等各方面，只是有大概的框架规章，各项细则部分仍不具备科学专业的规范性参考依据。这些都对我国创新创业教育平稳发展造成一定的阻碍。

(二)大学生创新创业发展趋势

新形势下大学生创新创业的未来发展方向要充分根据当今时代发展特点，对现有大学生创新创业过程中存在的问题进行有针对性的解决方案部署。各高校必须结合自身实际情况，逐步构建适用于自身的创新创业高素质人才培养方案，从而使大学生创新创业教育水平得到显著提升。

1.组建大学生创新创业信息化培养机制

现今信息发展逐渐全球化，高校必须及时对创新创业人才培养模式做出适当调整，逐步引入信息化教学，借助智能信息设备，以学生为中心，组建信息化大学生创新创业培养机制。信息化教学包括运用智能手机以及电脑等实现远程的“网络课件”学习和“线上教学”结合的形式，让大学生能够利用信息化手段实现随时听课学习的目的，为高校创新创业教育的全面发展打下坚实基础。

2.将大学生创新创业融入“一带一路”各项目中

高校要响应政策，将大学生逐渐纳入“一带一路”沿线国家创新项目中，按照《“一带一路”倡议下如何进行高校大学生创新创业人才的培育》等相关文件中所提倡对创新创业人才的培养方向和指标要求，解决高校创新创业科研项目不够完善的问题，同时为后续各高校创新创业教育工作的正常推进指明方向。

3.建立健全大学生创新创业培养体系

高校要强化学科和教育资源的完备性和丰富性，发展专项服务保障，为大学生创新创业提供有力支撑，制定针对性、专业性较强的管控体系，对现今大学科技园等平台系统运行期间出现的各种状况做实时总结归纳，逐步形成为大学生创新创业提供核心服务以及解决学生实践期间所遇到各种问题的发展平台。通过对大学生创新创业能力的全面分析，与科技型企业合作，组构适用于高校大学生自身的创新创业环境，最终使大学生创新创业培养效果能够达到预期的目标。

4. 完善选拔评比平台

高校积极与政府协同配合构建软硬实力兼具的创新展示平台，进一步完善平台选拔评比机制，强化奖励机制，将大赛选拔与培养做有效融合，激发大学生创新创业兴趣，使大学生创新创业兴趣得到充分调动，促进其动手实践能力，同时也为创新创业高素质人才的有效培养提供有力的参考依据。

二、大学生创业的相关政策

创业者想要用好、用足政策，全面了解政策是第一步。很多企业在创业之初，都会先了解地方政策。国家关于创业方面的政策主要有《中华人民共和国中小企业促进法》《国务院关于鼓励支持和引导个体私营等非公有制发展的若干意见》及《国务院关于进一步加强就业和再就业工作的通知》等。各地区市的创业政策都不太一样，一般经济薄弱的偏远地区的优惠措施要更为优厚些，而经济发达地区针对企业性质的不同也会有不同的优惠措施。高校毕业生创业可享多项优惠政策。例如，广西人社厅于 2016 年 8 月 5 日发布，高校毕业生创业可享多项优惠政策：创业培训补贴、不超过 10 万元的贴息贷款、每年 9 600 元限额的税收减免、免收相关行政事业性收费；公共就业人才服务机构提供的免费保管人事档案、发布招聘广告等服务。入驻创业孵化基地创办企业还可享受场地和水电补贴、社保补贴等政策。

按照《国务院关于进一步做好新形势下就业创业工作的意见》（国发〔2015〕23 号）、《国务院办公厅关于深化高等学校创新创业教育改革的实施意见》（国办发〔2015〕36 号）等文件规定，高校毕业生自主创业优惠政策主要包括以下方面。

（一）税收优惠

简化大学生创业流程，取消"大学生自主创业证"。持人社部门核发"就业创业证"（注明"毕业年度内自主创业税收政策"）的高校毕业生在毕业年度内（指毕业所在自然年，即 1 月 1 日至 12 月 31 日）创办个体工商户、个人独资企业的，3 年内按每户每年 8 000 元为限额依次扣减其当年实际应缴纳的营业税、城市维护建设税、教育费附加和个人所得税。对高校毕业生创办的小型微利企业，按国家规定享受相关税收支持政策。

（二）创业担保贷款和贴息支持

对符合条件的高校毕业生自主创业的，可在创业地按规定申请创业担保贷款，贷款额度为 10 万元。鼓励金融机构参照贷款基础利率，结合风险分担情况，合理确定贷款利率水平，对个人发放的创业担保贷款，在贷款基础利率基础上上浮 3 个百分点以内的，由财政给予贴息。

（三）免收有关行政事业性收费

毕业 2 年以内的普通高校毕业生从事个体经营（除国家限制的行业外）的，自其在工商部门首次注册登记之日起 3 年内，免收管理类、登记类和证照类等有关行政事业性收费。

(四)享受培训补贴

对高校毕业生在毕业学年(即从毕业前一年 7 月 1 日起的 12 个月)内参加创业培训的,根据其获得创业培训合格证书或就业、创业情况,按规定给予培训补贴。

(五)免费创业服务

有创业意愿的高校毕业生,可免费获得公共就业和人才服务机构提供的创业指导服务,包括政策咨询、信息服务、项目开发、风险评估、开业指导、融资服务、跟踪扶持等"一条龙"创业服务。各地在充分发挥各类创业孵化基地作用的基础上,因地制宜建设一批大学生创业孵化基地,并给予相关政策扶持。对基地内大学生创业企业要提供培训和指导服务,落实扶持政策,努力提高创业成功率,延长企业存活期。

(六)取消高校毕业生落户限制

取消高校毕业生落户限制,允许高校毕业生在创业地办理落户手续(直辖市按有关规定执行)。

——引自中华人民共和国教育部高校教育司官方网站,专题专栏"高校毕业生就业创业政策百问(2016 年版)"

三、园艺产品的市场调查

(一)市场调查的步骤

1.确定调查的目的和任务

明确调查的目的和任务是调查方案设计的首要问题,只有调查目的和任务明确,才能确定调查的对象、内容和方法,才能保证市场调查具有针对性。调查目的即为何要调查,要了解和解决什么问题,调查结果有什么用处。调查任务是在调查目的既定的条件下,市场调查应获取什么样的信息才能满足调查的要求。

2.确定调查对象

确定调查对象是为了明确向谁调查和由谁来提供资料的问题。因此,园艺产品的市场调查就是要明确园艺产品,如盆栽花卉生产的基地及营销花店。

3.确定调查项目

调查项目是指将要向调查对象调查的内容。调查项目的确定取决于调查的目的和任务,以及调查对象的特点与数据资料收集的可能性。例如,盆栽花卉生产与营销项目主要的调查内容包括批发价格调查、零售价格调查及电商价格调查等。

4.设计调查表或问卷

调查表或者问卷可作为市场调查收集数据资料的工具,其既可作为书面调查的记载工具,也可作为口头询问的提纲。调查表可按一定顺序排列调查项目的形式。调查问卷是根据调查项目设计的对被调查者进行调查、询问、填答的测试试卷,是市场调查收集资料的常用工具。

5.确定调查时间和调查期限

调查时间是指调查资料的所属时间,即应收集调查对象何时的数据。调查期限是指整个调查工作所占用的时间,即一项调查工作从调查策划到调查结束的时间长度。一般来说,应根据调查的难易程度、工作量的大小、时效性要求合理确定调查期限,并制定调查进度安排表。

6.确定调查方式和方法

市场调查方式是指市场调查的组织形式,通常有市场普查、重点市场调查、典型市场调查、抽样市场调查、非概率抽样调查等。调查方式的选择应根据调查的目的和任务、调查对象的特点、调查费用的多少、调查的精度要求做出选择。由于花卉市场的数量较少,因此盆栽花卉生产与营销项目可采用市场普查的方式。

(二)常见的市场调查方法

1.市场调查按调查范围分类

(1)市场普查:即对市场进行一次性全面调查。这种调查量大、面广、费用高、周期长、难度大,但调查结果全面、确实、可靠。

(2)抽样调查:指从全部单位中抽取一部分样本进行考察和分析,通过部分去归纳整体的一种调查方法。例如,创业者要经销多肉小盆栽植物,可选择一两个生活小区的青年业主进行调查,从而推断青年群体对该种产品的市场需求情况。

(3)典型调查:即从调查对象的总体中挑选一些典型个体进行调查剖析,据此推算出总体的一般情况。例如,对竞争对手的调查,就可以从众多的竞争对手中选出一两个典型代表,深入研究了解,分析其内在运行机制和经营管理优越点,以及其价格水平和经营方式。典型调查不必对所有的调查对象都进行调查,这样降低了调查难度,节省了调查时间。

2.市场调查按调查方式分类

(1)询问法:即事先拟定调查项目,准备好调查表或提纲,通过面谈、信访、电话等方式向被调查者提出询问,以获取信息。这种方法在市场调研中最常用。

(2)观察法:是一种直接的极具现场感的调查方法。调查人员到某个现场对调查对象进行实地观察,依据市场调查目标,系统地记录调查对象的各种行为方式。例如,调查员亲临服务项目现场,直接观察和记录顾客的类别、购买动机和特征、消费方式和习惯、商家的价格与服务水平、经营策略和手段等,这样取得的第一手资料更真实可靠。需要注意的是,调查行为不要被经营者发现。

(3)试销或试营法:即对拿不准的业务,可以通过试营业或产品试销,来了解顾客的反映和市场需求情况。

此外,市场调查还有数据法、实验法等其他的市场调查方法。

(三)市场调查的内容

1.经营环境调查

(1)宏观环境调查:包括经济环境、社会和文化环境以及政治法律环境。例如,政治法律调查就是要了解和调查一个国家或地区的政治制度、政治氛围、政治局势、国际关系、政策导向和企业经营相关的法律法规等。一些税收政策、信贷政策、行业规范的变化会在一定程度上影响企业的发展,因此,有必要对政策法规展开详尽调查,了解当地政府是如何执行有关国家法律法规和政策,以及此类法规政策对经营业务利弊的影响。

(2)行业环境调查:指调查经营项目所属行业的历史、现状、趋向、结构、行规和管理。例如,如果要从事花卉行业,就应该了解该行业国内及本地区的发展状况,国内外对花卉品种的流行趋势和先进栽培技术,充分了解该行业的行规、制度以及相应的管理措施,弄清有没有市场壁垒。

2. 市场需求调查

所谓市场需求调查，即调查现有市场的购买需求和趋势。购买需求包括购买力、购买动机、需求量和需求的影响因素。市场需求趋势基于购买需求的趋向和走势。如果要制作或经销某一种或某一系列产品，就应对这一产品的市场需求量进行调查。也就是说，通过市场调查，对产品进行市场定位。假如想经营一家水果零售店，就应调查一下市场对哪些水果有需求及需求量，在附近有无相同或相类似的水果产品，市场占有率是多少等。

3. 竞争对手调查

竞争对手调查是一项关于竞争环境、竞争对手和竞争策略的调查研究。在开放的市场经济条件下，做独家买卖是不大可能的，因此，在项目经营前，创业者一要了解竞争对手的数量与规模，二要了解竞争对手的分布与构成，三要了解竞争对手的经营策略与销售方案。只有如此，才能采取相应的竞争策略，在激烈的市场竞争中占据有利位置，能有的放矢，做到"人无我有、人有我优、人优我更优"。

4. 经营策略调查

经营策略调查即调查本企业产品的价格、销售渠道、广告、商标及外包等存在的问题及跟进情况。经营策略调查应重点调查了解目前市场上经营某种产品或开展某种服务项目的促销手腕、营销策略和销售方式主要有哪些，批发还是零售，专卖还是特许经营等，并调查一下这些经营策略是否有效，有哪些缺点和不足，从而为创业者决策采取什么经营策略、经营手段提供依据。

(四)撰写市场调查报告

1. 确定资料整理的方案

资料整理是对调查资料进行加工整理，对资料的审核、订正、编码、分类、汇总、展示等做出具体的安排。大型的市场调查还应对计算机自动汇总软件开发或购买做出安排。

2. 确定分析研究的方案

市场调查资料的分析研究是对调查数据进行深度加工的过程，对分析的原则、内容、方法、要求、调查报告的编写、成果的发布等做出安排。

四、创业项目计划书的撰写

(一)创业项目计划书的撰写原则

1. 目的明确，优势突出

优秀的创业计划书一定要有一个明确的目标，能够呈现项目的具体优势，尤其要抓住核心，突出项目。

(1)突出产品或服务的核心价值，在阐述中让投资者相信产品或服务的发展空间。

(2)写明目标市场规模，让投资人看到预期销售前景。

(3)分析竞争对手，阐明自己居于竞争态势中的位置，让投资人相信该企业是同行中的有力竞争者并能成为某领域中的领先者。

(4)介绍企业运营模式和盈利途径，让投资人对风险的担心降到最低。

(5)描述整个创业团队和管理团队的职责与目标，让投资人从创业团队中看到企业的未来。

2.内容真实,体现诚意

创业计划书不是为创业者及其团队和企业唱赞歌,而应体现项目的真实情况,包括企业可能面临的风险。成功与风险并存,优势与不足同在,任何一家企业都是如此。因此,创业计划书一定要实事求是,而不要为了吸引投资夸夸其谈。在具体成文时,创业者一定要明确指出企业的市场机会、竞争威胁、潜在风险,并尽量以具体资料为依据;关键还要分析可能的解决方法,绝不能含糊交代;同时,对所采用的假设、预估、会计处理方法等也要明确地说明。总之,一定要实话实说,言辞妥帖。否则,许诺不能兑现,只会搬起石头砸自己的脚。

3.要素齐全,内容充实

创业计划书内容和格式不是千篇一律的,但无论哪种项目的创业计划书都要涉及以下内容:计划摘要、产品与服务、团队和管理、市场预测、营销策略、生产计划、财务规划、风险分析。在创业计划书写完之后,可以试着从以下几个方面查漏补缺:

(1)创业计划书是否明确了产品或服务;

(2)创业计划书是否体现了自身的优势和能力;

(3)创业计划书是否显示已经做过了市场分析;

(4)创业计划书是否交代了可能的风险以及应对策略;

(5)创业计划书是否明确指出了融资的风险与价值。

4.语言平实,通俗易懂

在撰写创业计划书时,要尽量运用平实准确、通俗易懂的文字来表述。创业计划书一要贴切,避免歧义;二要通俗,切忌晦涩;三要朴实,规避浮夸。通俗易懂,表达准确,才是创业计划书的成功之处。尽管有的项目包含高新技术,对项目的分析需要用到一些专业术语,但在内容的表述上也要做到通俗易懂。创业计划书一味高深、玄妙,只会将投资者拒之门外。事实上,只有少量的技术专家会在意复杂的技术原理,许多投资者并不完全懂技术,所以他们喜欢简单通俗的解说,排斥术语和行话。为了收到理想的信息传递效果,创业计划书可适当配以图表,以图文并茂的形式将内容形象化、直观化。

5.结构严谨,风格统一

如果创业计划书让人读起来感觉很乱,则表明它是失败的,常表现在体例不一、风格迥异、结构松散等问题。创业计划书的论述必须有条理,应当做到结构清晰、观点到位、数据真实。

(1)论述有条理。

①目录完整。创业计划书都应当有一个完整的目录,以帮助投资者更方便地找到所需要的信息,写计划书时要注意目录中的页码与内容页码一一对应。

②每段论述应有标题。标题中的关键词应当对内容有引领作用,以帮助投资者快速理解内容。

③层次要合理。例如,"一"里面要分段落时用"(一)(二)(三)……""(一)"里面要分段落时用"1. 2. 3. ……""1."里面要分类时用"(1)(2)(3)……"。

(2)风格要统一。

创业计划书前后要相互呼应,数据和事实要前后一致,引用之处要有明确记录并使标记统一。例如,如果计划书中提出有1亿元的市场,后面又提出要占有20%的市场份额,那么阅读这份计划书时,就会认为最后的收入将达到2000万元。如果这时数据出现了冲突的话,就会使人对此计划书产生怀疑。

6.有理有据,循序渐进

撰写创业计划书时资料准备很重要,应有详细的第一手材料,做到有理有据。写计划书前应准备的材料包括市场调查报告、财务数据分析、运营具体案例、行业基本情况等。前期的资料准备得越完整,越能做到有的放矢、胸有成竹。

(1)确立目标,准备资料。创业者要做一些准备工作,确定企业的整体规划;确定创业计划所需要的材料,包括行业情况、市场分析等;确立信息收集的途径,以保证资料的真实性与完整性。

(2)拟定纲要,整合信息。创业者首先应根据企业自身的发展需要,制定并编写计划纲要;其次,在编写纲要的过程中,应根据实际情况,对收集的材料做进一步的整合与筛选,对创业企业的概况、竞争、销售、组织、管理、技术、财务、风险等进行全面分析;最后撰写摘要,以便初步形成较为完整的创业计划方案。

(3)反复修改,完善计划。创业计划书中的材料要经过整合,数据应经过分析,以形成相对完善的定稿。

7.详略得当,篇幅适当

创业计划书是否有必要写得详细,这个问题的回答历来有两种不同的声音。一说是酒香不怕巷子深,创业计划书没有必要写得太过详细;一说是酒香也怕巷子深,创业计划书越详细越好。事实上,创业计划书过长或过短都不好。太长,显得啰唆;太短,则缺少可行性和说服力。要调和这种矛盾,关键是详略得当。如果创业计划书仅详述产品如何先进、前途多么广阔,而对营销方案、风险分析、团队管理等轻描淡写,则显然是避重就轻,不会获得投资者的青睐。一份创业计划书,不能因为创业者熟悉哪些方面就详细叙述哪些方面,也不能因为哪些方面容易驾驭就将其作为整篇的重点。计划书的对象可以是投资者,可以是银行,也可以是企业自身,不同的目的也会使计划书的侧重点有所不同。

因此,撰写创业计划书一定要把握适当原则,一般情况下要着重强调企业的优势和持续盈利的原因,如市场分析、制造计划、竞争分析、营销方案、成本预算、风险分析与应对策略等;而企业基本情况、人员基本情况、企业前景和目标等内容要相对略写,交代清楚即可。创业计划书适合的篇幅一般为20～40页,包括附录在内。

(二)项目计划书的撰写

项目计划书的构成要素包括标题、导语(或摘要)、主体和附录等。其中,主体部分是对摘要的具体展开,主要包括企业介绍、市场分析、产品(服务)介绍、组织结构介绍、前景预测、营销策略描述、生产计划展示、财务计划和风险分析等内容;附录是对主体部分的补充,主要包括企业营业执照、审计报告、相关数据统计、财务报表、新产品鉴定、商业信函、合同、相关荣誉证书等。

(1)封面。封面总体风格要简洁大方,线条要美观流畅,企业名称、创业者姓名、联系方式等文字字体要易认明朗。

(2)目录。目录应明晰各章节标题及所对应的页码,通常不超过3页。

(3)摘要。作为项目计划书的浓缩版,摘要讲求以简洁的手法勾画出一幅诱人的图景以感染投资者。摘要应语意精益求精,语句清晰流畅,语言富有感染力,篇幅以1～2页为宜。

(4)企业概况。企业介绍应简单明了,概括即可,重点应介绍该企业的与众不同之处。

(5)市场分析。市场分析包括市场需求现状、市场竞争现状、企业产品在市场中的地位预测等。注意要以平实的语言进行说明。

(6)产品介绍。项目计划书应简明地讲清楚产品或服务是什么,不必要介绍太多的技术原理和内容;简要说明产品或服务的特点,重在市场化的特点;附带产品原型、图片,以吸引投资者,加深投资者对产品的印象。

(7)组织结构。组织结构最好采用图表的形式,一目了然。对于创业团队的描述关键是叙述管理者的素质和能力,同时经验和经历也很重要,大胆起用新人时要说明理由。

(8)营销策略。项目计划书需要把营销计划、宣传策略、价格决策和营销队伍几大要素先概括后具体地讲清楚。核心问题的分析,诸如市场竞争是否激烈,激烈到何种程度,当市场成长时市场占有率是上升还是下降,客户在哪里,怎样预算,应对策略如何等,缺一不可。

(9)生产计划。介绍生产计划时,把设备现状与更新、质量控制与改进以及新产品投产计划讲明即可。

(10)财务规划。财务规划的重点是提供未来 3 年的现金流量表、资产负债表以及损益表。

(11)风险分析。风险分析的内容主要包括:风险在哪里? 如何应对? 资本如何积累? 最好和最坏的设定是怎样的? 将这些问题解答完毕,这一部分的编写就到位了。

(12)附录。附录是将管理层简历、销售手册、产品图纸、其他说明等需要补充的材料附加在此即可。

创业计划书的写作有一定的原则可依,有一定的技巧可讲,但并不意味着所有的创业计划书都千篇一律。项目不同,用途不同,创业计划书的内容和结构也不同。有的创业计划书仅供内部参考,有的是为了寻找合作伙伴,有的是为了吸引风投,还有的是为了向投资人汇报。总之,创业计划书是个性的体现,并没有通用的模板。尽管如此,成功的创业计划书还是有一些共同的特征的,即客观真实,有效可行,创新性强,讲求逻辑。

练习思考

1. 创业的定义是什么? 有哪些功能?

2. 阐述创业的过程。

3. 阐述我国大学生创业的优惠政策。

4 园艺产品的市场调查的步骤及方法是什么?

第一章

花店经营与管理项目指导与案例分析

知识目标

- 了解花店的经营类型。
- 了解花店经营、价格定位。
- 掌握花店经营相关的专业知识。
- 掌握开花店相关证件的办理。

能力目标

- 学会花店的选址。
- 学会鲜花的采购、保鲜。
- 学会花店定价。

素质目标

- 具有良好的职业道德和自律、诚信、进取的品质。
- 具有为大众服务的意识和艰苦创业的精神。
- 具有较强的爱岗敬业精神、事业心、责任心和社会责任感。
- 具有较强的沟通与协作、协调与组织能力，以及良好的团队精神和勇于创新精神。
- 具有踏实肯干的工作作风。

第一节　花店的类型与鲜花市场分析

花店是指从事以花为主的多元化经营商店，经营范围包括：鲜花及人造花的零售、批发业务；经营花店所需的用品、用具；礼仪策划庆典服务等。花店应具备花艺的自行设计、生产、来料加工等技术和设备条件，可提供各色品种鲜花。

一、花店的经营类型分析

(一)实体店销售

花店实体店主要有以下 3 种类型。

(1)街头花店。街头花店是指借用市区门面房开设的花店。

(2)写字楼花店。写字楼花店多数有固定的老顾客,有些像工作室。

(3)花卉市场花店。花卉市场花店是指租用花卉市场的摊位开设的花店。

花店销售的商品主要种类有仿真花、鲜切花、盆栽花、观赏植物、花瓶、花器、植物肥料、花籽等。

(二)网络销售

随着网络的进一步普及和电子商务的高速发展,越来越多的人开始选择在网上购买鲜花。网上订购鲜花具备省时、省事、省心等特点,从而受到越来越多人的欢迎。由于网上订购鲜花几乎可以在任何节庆或特殊场合进行,并作为礼品赠送,故而网上花店在电子商务市场中发展前景良好。网络花店需要实现用户在线注册功能、登录功能、查询功能、购物车功能、订单等,在后台能实现管理员的登录、管理员对商品的分类发布、商品的管理、用户信息的管理、订单管理、管理员管理等。目前,网上花店大多存在于国内较发达城市,虽然不少花店都是全国性质,但在一线城市里比较流行。在中国加速推进信息化的大环境下,网上花店的前景比较乐观,有望在全国各大城市都实现网上订购。网络花市的出现,打破了过去单一化的鲜花采购方式,让花店从业者们的选择更加多样化,采购鲜花也更方便快捷,足不出户就能远程采购云南、甚至世界各地的鲜花,因此受到花店从业者们越来越多的关注。花店的网络销售有以下几种类型。

(1)官网花店。单家网站花店的站长们称自己网站为官网花店。

(2)网络商城花店。网络商城花店如淘宝花店、京东花店等,花店利用这样的网络平台开设自己的网络花店。

(3)专业型鲜花商城花店。如鲜花全球通、鲜花礼物花店就是由全国各地的实体花店在网上一起卖花,每个花店都有一个独立的店铺,也称多用户花店商城。

网络花店(市)多采用手机 App 软件以及微信小程序的模式,只需要在上面注册,即可下单选购鲜花。这类网络花店(市)的缺点是鲜花质量难以保证,售后难以得到解决,需要慧眼独具才行。网络花店(市)的另一个问题是运输无法控制,因为鲜花行业都是先付款后发货或后制作,有时会因为飞机延误等原因导致鲜花不能及时运抵,从而影响使用。因此,在利用网络花店(市)大批量选购鲜花时,需要提前预订,算好到货的时间,防止出现这类急等着用花花却迟迟不到的情况出现。

二、中国鲜花市场

就花卉产业的发展规模而言,2017 年我国已经成为世界上最大的花卉生产基地。根据相关资料,浙江省以花卉种植面积 14.52 万公顷跃居全国之首;其次是江苏省,花卉种植面积 14.16 万公顷;河南省花卉种植面积 11.80 万公顷,位列第三。除了早期自然形成的花卉生产外,随着市场经济的不断深入,由市场拉动与政府引导形成的商品花卉产区也得以大规模发展,这一特点在我国不少花卉主产区都得到体现。云南是我国鲜切花生产大省,近年来,种植面积达 1.12 万公顷，生产面积、销量、销售额分别占全国总生产面积、总销量和总销售额的 21.86%、39.39%和 23.57%。除了鲜切花这一当家产品，我国花卉市场经过多年发展，以鲜切花、种用花卉、地方特色花卉、绿化观赏苗木和加工用花卉为主的多元化产业发展格局已基本形成。如云南地方特色花卉种植面积达 0.31 万公顷，总产量 3.2 亿株，总产值 93.7 亿元，成为云南花卉又一拳头产品；绿化观赏苗木种植面积为 0.58 万公顷，产量 12.7 亿株，产值 1.7 亿元；种球、种苗生产面积达 0.07 万公顷，产量超过 1 亿粒，鲜切花种苗近 5 亿株，非洲菊、月季、康乃馨等种苗占国内 60%以上的市场份额；药用、食用等加工类花卉种植面积超过 2.67 万公顷，其中食用花卉栽培面积 0.13 万余公顷，产值达 2 亿元。这些数据真实地反映了云南花卉产业的多元化发展势头不容小觑。如今，云南能够拿得出手的产品不再限于鲜切花，大花蕙兰、铁皮石斛、山茶花、高山杜鹃、国兰、永生花等一大批云南特色产品也正步入产业化发展轨道。又如江苏是我国传统苗木大省，其观赏苗木种植面积排名一直名列前茅。近年来，江苏以推进实施高效设施农业项目为导向，促进全省加快发展高档盆花、鲜切花、盆景的标准化生产，并取得了显著成效。江苏观赏苗木种植面积 11.70 万公顷，持续成为江苏省花木产业主体；鲜切花生产面积 2 779.20 公顷，产量 7.73 亿枝；盆栽花卉生产面积 7 807.0 公顷，产量达 4.85 亿盆。江苏相关企业生产的红掌、蝴蝶兰、凤梨产品更是远销全国各地，如皋盆景也在全国打出了一片天地。目前，“如皋盆景”已是国家地理标志证明商标，如皋盆景技艺也成功入选国家级非物质文化遗产代表性项目名录推荐项目。声名鹊起的盆景，带动了如皋花木产业的蓬勃发展。

台湾地区的鲜花店也很多。台湾地区鲜花店花架上的鲜花品种丰富，主要有玫瑰、牡丹、菊花、莲花、百合花、郁金香等。玫瑰在台湾地区的气候下是四季常开，花香瓣大，寓意为深情和博爱，是亲友、情人过生日时常送的礼物。在生日宴会上摆一个玫瑰花篮，可增添喜庆气氛。牡丹花朵硕大，雍容华贵，象征着显赫和富丽，在台湾地区常作为祝寿的礼物。菊花在台湾同胞的心目中象征清雅高洁，喜庆典礼时，人们常赠送色彩活泼的粉紫色菊花。莲花代表圣洁和高贵，又有丰收、幸运、健康和长寿的含义，故台湾地区人民喜欢将它送给走马上任的官员。百合花寓意甜蜜和纯洁，常作为送青年女子的赠物。郁金香花苞艳丽，在台湾地区是男子向女子表达爱情的常用花。台湾地区盛产蝴蝶兰，最近几年，台湾地区大力发展蝴蝶兰，并向全世界出口。当今，以美国、西欧、日本为代表的发达国家和地区，由于鲜切花消费水平很高，本国所产鲜切花满足不了国内市场的需要，所以，每年要从鲜切花生产国和地区进口大量鲜切花，而荷兰、以色列、墨西哥、危地马拉、泰国、哥伦比亚、肯尼亚、中国台湾等鲜切花输出国和地区则赚尽了这些发达国家的钱。日本常从台湾地区大量进口蝴蝶兰，从而使台湾地区的花农大富起来。

三、世界鲜花市场概况

(一)美国鲜花市场

在美国，鲜切花已成为人们常年必购的商品之一。美国市场对国外鲜花的需求量大，且呈直线上升趋势。美国大部分鲜花从荷兰进口，每年向荷兰大量进口郁金香。

(二)法国鲜花市场

在法国，鲜切花是必不可少的。如果没有鲜花，法国人简直是不能生活。他们探亲访友、参加婚礼、应约赴宴、逢年过节、日常家庭装饰等活动，一切都少不了鲜花。在巴黎的大街小巷，隔不多远，就可看到一个鲜花店。

(三)英国鲜花市场

英国人喜欢光顾鲜花店，男士多购玫瑰花，而女士馈赠异性的鲜花有玫瑰、石竹、郁金香和小苍兰等。

(四)德国鲜花市场

德国每年消费的鲜切花数量在欧洲排名第一，且其鲜花的质量无可挑剔，在花店不管是买一枝、一束，或买一个大花篮，都绝不会从中找出一片黄叶或一朵坏花。德国的花店特别多，橱窗布置非常醒目别致，极富特色，且店里的鲜花摆放、色彩、品种搭配和谐。

第二节　花店经营定位分析

一、花店经营定位分析

开花店前，除了要掂量手中的资金外，还必须考虑花店的定位。

(一)了解消费群体

开花店前，要了解花店的消费群体，如花店将要面对的消费群体有什么共性的特征，购买力及购买习性如何，这一群体是正在增加还是减少等，这些都是花店经营者要从宏观上对花店的消费群体进行把握的。

目前，中国鲜花消费群体可概括为以下 3 类。一是高端消费群体。高端消费群体极其个性化，对花艺要求很高，如星级酒店花艺、高消费人群的礼品用花(价格在 500 元以上)。高端消费群体的比例约占整个鲜花消费的 10%，为少数，对整个市场的发展潜力相对有限。二是中低端消费群体。中低端消费群体所购鲜花主要用于低端礼品用花(少于 100 元的花束)，包括开业花篮、会场布置、葬礼花圈、家庭用花、少部分婚礼用花等，占整个鲜花消费的 70%～80%。三是中高端消费群体。中高端消费群体具备较好的花卉消费意识和消费能力，其鲜花主要用于中高端礼品、团购(价格在 100～500 元)，占整个鲜花消费的 10%～20%。中高端消费群体最有可能转变为家庭用花消费人群，故可作为培养市场消费的主要目标，并且这一部分份额的扩大也代表着整个花卉消费产业的升级。

(二)目标市场定位

一家花店成功与否，市场定位是很重要的。市场定位包括服务对象的定位、产品的定位、价格的定位 3 个层次。首先，花店的选择与花店所在城市的类型、所在的地理位置有很大关系。例如，由于大城市未来很多服务市场都会被细分，一个花店可能只会专注一个领域，如婚礼、开业庆典等，因此，大城市的花店更倾向于专业化；而小城市的花店则比较适于多元化经营。又如，在学校周边、居民小区、超市、写字楼周边等不同的地方开花店，其主要服务对象和经营模式也有所不同。其次，花店产品和价格的定位不是以简单的高、低、中端来划分，而是要有层次，在高端价格中又可分不同价位。例如，同样是 99 朵玫瑰，除了要有高、中、低价位，在高价位中又可分为 1 299 元、999 元、699 元不同档次。一般来说，选择 1 299 元的可能只会有四五个，选择 699 元的占 10%，大部分顾客会选择中间价位。

(三)目标市场细分

1. 个人消费

一般来说，在花卉的主要目标市场中，个人消费者主要是中产阶级和高收入者。此类顾客的花卉消费能力和购买欲望较大，其日常花卉消费明显多于其他收入较低者，且这种消费群体的数量正随着中国经济的增长而增长，市场消费潜力也处于增长阶段。

2. 团体消费

对于花店来说，除了个人消费者，大单生意还是依靠团体消费。从目前来看，花卉消费在很大程度上仍然侧重于团体消费，而个人消费很零散，所占市场份额不大，主要集中在节庆日和其他一些特殊日子，日常需求仍然偏少。因此，团体性花卉消费在过去、现在乃至将来的一段时间内都处于主要地位并且呈增长趋势。

(四)经营风格定位

开花店之前，经营者一定要想清楚自己花店的风格定位，以及将要面向的客户群体定位，这决定了花店的大小、装修风格和业务渠道。花店的经营业务可以多方面发展，经营业务范围如图 1-1 所示。

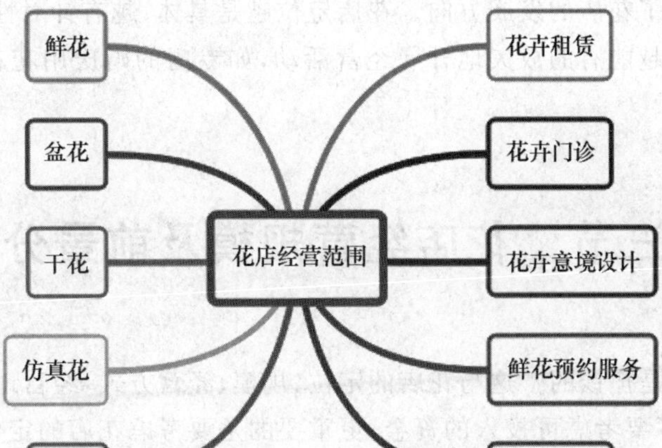

图 1－1　花店的经营业务范围

花店应根据不同的消费群体与消费特点来确定其经营范围，可单一经营某一方面，也可综合经营，或只兼顾其中 2～3 种项目。例如，若花店以经营商业礼仪花艺为主，则主营礼仪花篮、花束、花车、婚礼场景布置等为最好；若花店以经营家居装饰用花为主，则可以综合经营与家居饰品有关的其他项目，如干花、盆花、绢花以及花器工艺品等。

二、花店定位的影响

(一)定位影响消费群体

花店定位直接决定着顾客群体，而顾客决定着花店的一切收益。因此，在开店之前需要做一个充分的市场调研，包括现实消费者的层次、消费习惯和已有花店的分布、经营特色等。经营者应在对市场充分了解分析后，再结合自身的条件，最终定位自己在市场上的位置和目标消费群体。

(二)定位影响选址

消费者在哪儿，我们的服务就应该在哪儿。例如，如果花店的目标顾客是白领阶层，则花店选址就应该在写字楼、商圈附近；如果花店的目标顾客是家庭主妇，则花店选址可以考虑在大超市、农贸市场附近。

(三)定位影响定价

不同的顾客群体，其消费诉求也不同。同样的花束，定价 88 元时，高端消费群体不一定会要，但是普通顾客就会十分喜欢。

(四)定位影响装修风格与运营

花店的经营定位直接影响花店的装修风格与运营方式。例如，如果花店的目标顾客是小资主义者，而其装修却十分简陋，跟路边摊式的花店没有区别，则其目标顾客进去购花的可能性几乎为零。高品质的花店必须在花材的质量和插花的水平上具有十分严格的要求，以保证顾客拿到手的都是精品。

(五)定位影响发展方向

花店的定位决定了花店的发展方向。花店定位越是具体、越有针对性，其业务板块就会越精细化、专业化，也就越能有的放矢地开展经营活动，如专门的婚庆用花花店、开业用花花店、丧礼用花花店等。

第三节　花店经营规模及前景分析

开什么样的花店是挣钱的？这与花店的定位、规模、经营方式、经营地点、经营人员等息息相关。开花店前，除了要考虑可投入的资金，更重要的是要考虑花店的定位。较典型的花店定位有 3 种：一是选择店面装潢精致、所售商品价高质优，面向中高收入者经营服务的高品质花店；二是有优质的服务、较有新意的传统型花店；三是花材、价位都实惠的小花店。

一、花店经营规模分析

(一)小花店

传统的小花店一般在店门口挂一个最简单直接的店名牌，花店屋里杂乱无章，堆着各种包装纸，工作台小得只容一个人转身，花束包装式样简单又过时，平时只接待上门客。这种小花店不会赚很多钱，也不需要很多人，只需要 1～2 个人就行，一般一个人负责守店面，另一个人负责送花。这种小花店仅能养活自己，但无大的发展。随着时代的发展，新兴花店如雨后春笋，此类小花店的经营将越来越困难，逐渐地被新兴花店所取代。这样的小花店任何一个人只要经过简单培训都可以开，不需要经营头脑，只要会把花包起来，能卖出去，能吃苦能耗时就行。这种小花店已过时，不是我们想要定义的花店。

(二)传统型花店

传统型花店面对中高档消费人群,一般地理位置优越(图 1-2),周边有高档小区,花店有优质的服务、精美有新意的花束包装以及中等的价格。因此,这类花店经营不错,也很赚钱。但很多的传统型花店只是单纯的售花。由于市场就那么大,每天买鲜花的顾客基本是固定的,若这家的顾客多了,则另一家的顾客就少了,所以,在竞争激烈的市场环境中,传统型花店必须要拓展事业线,要把花艺培训囊括其中,不能只靠零售赚钱。这类花店的转型迫在眉睫。

图 1-2　地理位置优越的传统型花店

(三)高品质花店

高品质花店除了经营场所要有足够的面积之外,还应具备以下特征:一是不仅能做花艺活动,还能展示店面形象与店里独特的花艺产品,而且有其他的附加产品以增加附加值,同时装修装饰有自己独特的风格与格调;二是花店要有懂礼仪会销售的店员;三是有自己的经营特色,有与众不同的风貌,并且有独一无二、不可复制的亮点与拳头产品;四是店主是一个能接受新模式、新产品、新思路的学习型人才,并且愿意与同行分享,有开放的态度,愿意与人交流;五是有宣传意识,能够时刻注意自己的形象,时刻注重店铺整体形象,能够完成整个店铺的形象打造;六是服务意识极强,能够让顾客享受物有所值的服务;七是店里的成本核算正常,能够做到开源节流;八是有一个响亮又独特的店名,并且店面整洁让顾客舒心。只有具备这些特征的花店才能够被称为高品质花店,才能跟得上时代潮流,才是属于新时代的花店(图 1-3)。

图 1-3　风格与格调独特的高品质花店

二、不同经营规模的花店前景分析

在决策花店经营规模时应注意的是，由于价格关系，高品质花店要打开市场、占有稳定的顾客群是相对来说最艰难的。花店如何做才算是有效的经营？若开一家没有品位的小花店，在现今社会一定会是越来越不赚钱，因为现在的电商、电信平台、个人微信群、咖啡店、蛋糕店、书店甚至快递行业等都正在分薄这些小花店的利润，正在切割瓜分鲜花行业这块蛋糕。如何快速求新求变，如何让自己的花店转型升级，已成为小花店经营的重中之重。小花店如果认识不到这一点，不能与时俱进，就一定会被社会的洪流所淘汰。

因此，新入行的创业者应抛弃“随便开一家小花店靠手艺就能赚钱”的想法，也应抛弃“开一家装修高档是高品质花店就能赚钱”的想法。未来必将有越来越多的小花店倒闭或转型才能发展。此外，若开了一家真正高品质的花店，也并不意味着已加了“保险”可以高枕无忧，不意味着花店具备了这些条件就一定能赚钱。相比普通小花店而言，这样的高品质花店投入巨大，更需要用心经营，只有切实有效的经营方法，才具备强大的竞争实力。时代在进步，人们已开始讲求个性化，追求多元化与品质化。只有开一家有颜值有气质又有经营内涵的花店，才能吸引客源，才能留住顾客，在竞争激烈残酷的花艺市场中立于不败之地。这样的花店要求店主一定是一位极具情怀、具有开拓精神、有与众不同的思想并把经营花店当作事业来做的人。这样的花店才能在时代的浪潮中具备竞争力，才能吸引人，从而让人心生向往。一家花店只有在这样的情景下才能不断招揽新老顾客，尤其是年轻的顾客以及讲究生活品质的中产阶级顾客，这类顾客群往往是最庞大也是最爱花钱的。同时，这样的顾客许多是年轻人，正是谈恋爱或讲求生活品位的年纪，容易接受引导性消费，从而使花店最大限度地获得经济利益。

高品质花店的顾客最挑剔，也最难征服，而且开这类花店在选择地理位置和宣传方面都要有较多的资金投入，同时，花店的服务、花艺水平更是要经得起推敲和考验。当然，付出总有回报，高品质花店一旦打开局面，正常运作起来后，其经营状况往往是最稳固的，最能经得起社会经济的波动。例如，在中国台湾花店界颇有盛名的以高品质、高层次为定位的台北花苑，由于长期以来经营有方，2020 年面对台湾经济下滑的大局面，仍然拥有 3%的良好经济增长，走出了一条精彩的高品质花店发展之路。

相对于高品质花店雄厚的资本，中小型传统花店则需要稳扎稳打，从“小”做起。通常小店经营风险较大，同档次店面间竞争更为激烈。这时就需要有坚定的信念，坚信小店也能打出品牌，从门面特色、花材质量、花艺及服务水平、业务项目的精心筹划等方面入手，逐步提高，达到一个较高水平。有位商界的成功人士曾说：“不论起步高低，都要从开店第一天起就想着把它办成一家百年老店。”另外，花店定位还有一个大忌，就是不高不低、不上不下，企图两者兼顾。这种做法在两种消费对象那里往往都难以得到认可，是个很危险的决策。

【知识拓展】

花店销售员的基本要求

1. 思想素质及业务要求

花店的思想经营宗旨是为顾客服务，因此要求花店销售人员首先应具备良好的思想品质和道德观念，以花店的礼仪为己任，不谋私利，同时能够维护消费者的正当权益。为了提高服务质量，花店销售人员还应具备丰富的专业知识和较强的工作能力。

2. 心理素质及法制观念

一个合格的花店销售人员，不但要有健康的体质、端庄的仪表，还要有强烈的事业心和责任感，具有开拓精神和创新意识；有良好的心理素质，遇事乐观、有耐心，给人以亲切感。

花店销售人员在从事市场营销活动的过程中，代表的是花店，因此要懂法、守法，具有法制意识和法律观念。这一点对于花店销售人员自身和花店经营的成败是至关重要的。

第四节　花店的选址

花店的选址是最基本也是最重要的因素，是和花店的定位紧密联系的。花店经营者要根据花店的定位来选择合适的地点，明确顾客消费档次，了解开花店的忌地，然后据此选择花店的位置，如商圈、医院、学校、居民区等。

一、开花店的忌地

（一）忌流动人群集中地

花店不同于其他类型的小商店，如小食品店、小百货店、服装店等，这类小商店销售的商品大多是人们日常生活的必需品，人们对这些商品的需求量大，并且购买愿望强。因此，在火车站、汽车站等地，这类小商店比较多，因为经营者们看好这里的商机。这些地方的流动人口较多，人们来去匆匆，或是走亲访友，或是开会办事，或是旅游观光。虽然人们在这里出出进进或是稍加休息，但常常愿意利用等车的时间在这些小店里转一转、看一看，买一些自己喜欢的商品，或是当作旅途纪念，或是送给亲朋好友。但是，很少有人会在此买上一束鲜花或一个花篮带上车。因此，花店的选址忌流动人群集中地，这也是由花卉自身的商品特性决定的。

（二）忌文化贫瘠之地

花卉是一种带有一定文化附加值的商品，尤其是经过经营者的构思、创造加工之后，由鲜切花组合而成的花篮、花束已不再仅仅是商品，更带有艺术品的特征。人们购买这样的商品，不仅是为它外形的鲜艳美丽所吸引，而且主要是为它所蕴含的文化特征所折服。从当今鲜花消费品市场的情况来看，鲜花购买者大多是具有一定文化欣赏水平的人。因此，选址开小花店时，应考虑这一因素。

（三）忌房租差价过高之地

开花店初期属小本经营，要考虑自我承受能力，有一个房租心理底线，如果房屋租金太贵，就会造成投资成本过大，给经营者带来过重的经济和心理负担，甚至导致经营失败。因此，房租差价过高不应考虑。

（四）忌位置太偏僻的地方

一般地说，位置太偏僻的地方购买力相对比较差。经营者最好不要在此选址开店。

(五)忌交通不便利之地

交通不便利会给经营带来很多麻烦和不便。比如:组织货源的问题,货物运输的问题等。因此,交通不便利的地方要慎选。

二、花店的选址

花店选址最重要的是要和自身经营的品种、价格、档次、规模联系起来,即根据定位来选择合适的地点,也可先确定了花店的地址再定位花店的档次、规模。

(一)繁华区、商业区

一个城市的繁华地带和商业中心,已经形成了一个固定的销售场所,也具有了一定的消费氛围。同时,这些地方一般也是高级酒店、宾馆和会议场所的集中地。选址在这里,一开始就具备了"天时""地利"。如果经营有方,又"人和",经营一定会红红火火。开在这里的花店档次要高,不管是花店自身装修还是花店内的花卉商品都要有品位。这类花店可以从店内零售和订货业务两个方面来经营。

(二)大学区

文化层次较高的大学生,爱花已成为一种时尚,是当代大学生生活中不可缺少的一项消费品。以鲜花赠友寄情,是当代大学生最喜爱的方式之一。几乎所有的大学区内,都开有花店。大学生购买鲜花量最大的有教师节、圣诞节和情人节等。送教师多为康乃馨,而圣诞节和情人节多购买红玫瑰。选在大学区开花店,要先调查清楚,目前的花店分布和水平,不能盲目开业,但也不要错过商机。

(三)住宅区

随着人民生活水平的提高,花卉已不再是奢侈品,人们对花的认识越来越深刻了,买花的人也越来越多,效益越来越好。花草能够让人赏心悦目、陶冶情操,给生活增添了情趣,又是一种极好的家庭装饰。逢佳节喜日,亲朋好友之间送上一盆花草,生机盎然,香气宜人,送花者花费不是很多,收花人也特别欢喜。因此,越来越多的人喜欢买花赠友。如今,小区居民基本每个家庭均养有盆花,尤其是退休后的老年人活动量减少,更喜欢在家侍弄花草。因此,在住宅区开花店是适合的。在住宅区开店要考虑居民对鲜花的需求用途:主要是家居装饰方面的,同时还有节日、家庭庆典、纪念日的用花,如结婚、生日等需求。多数居民喜欢买档次不高但耐养的花卉,最常见的有吊兰、绿萝、水仙、发财树、君子兰、杜鹃花等。

(四)医院附近

鲜花作为礼品送给病人,在很早就流行了。几乎每一个大型医院的附近都可以找到花店,因为在我国看望病人一般习惯带礼品,鲜花则是首选,所以开在医院附近的花店一般都经营得较好,无论从销售量还是利润都令人满意。在医院的附近开花店还有个好处,就是在鲜花消费淡季,医院里住院的病患者却不淡,这样可在淡季时增加花店收入。在医院附近开花店可以兼营水果篮等适于看病人的礼品,常备的花材有康乃馨、百合及黄、白菊花等。

(五)超市内

超市购物以其舒适、快捷、自由、方便等特点吸引了不少现代都市人,超市也成了许多人每周甚至每天必去的地方。鲜花进入超市,为消费者购花提供了方便,同时也对普及花卉消费起到了促进作用。花店开进超市是随着超市的发展而出现的新趋势，也是国际流行趋势。超市花店的收益在所有花店收益中占的比例越来越大，在瑞士、英国、法国、德国等国家，花卉在超市内的销售额都十分可观。

第五节　开店前准备工作分析

一、专业知识准备

（一）插花的基本知识

花店是美丽幽雅的场所，花艺是花店的灵魂。美丽的花儿为人们传播着各种各样的情感，从事花店业的人员要为顾客提供高质量的服务，需要有一定的花艺专业知识。以观赏性强，适于水养的花、枝、叶、果等植物体的一部分为素材，通过技术加工和艺术构思，制作成一件富有诗情画意的装饰品，这便是插花。插花作为一种造型艺术，花艺作品蕴含着丰富的韵味和情致，具有画面生动、装饰性强、制作布置灵活方便等特点。

1.插花的构图原则

插花作品对美的感受，在很大程度上取决于作品构图的艺术性，即插花的制作需要遵循一定的造型艺术原则。

（1）调和与对比：调和与对比是插花制作中最重要的构图法则之一，它能够使各部分之间取得有机而完整的联系与呼应，获得和谐的整体美感。插花作品中，调和与对比的关系表现于很多方面，如形态、色彩、质地、风格、数量等。插花的调和感，是多种因素综合作用的效果。花材种类较少时，容易取得调和，但如种类较多，又取舍剪裁不当，则会使人感到混杂。一般以一两种花材为主，其他花材作为陪衬点缀；不同品种花材配合时，形态、花色上易协调，但数量上应有主次。一些在调和与对比上处理较好的搭配实例，如蜡梅与南天竹、月季与霞草、白色的马蹄莲与红色的郁金香等。插花作品的调和还表现在花材与容器的关系上，例如素色细花的瓷瓶，插入淡雅的翠菊，二者的调和便较好；浓艳的大丽花，配以釉色乌亮的粗陶罐，更显粗犷的风采，有良好的调和感。

（2）多样与统一：花材单一显得单调，但过多又易显得杂乱，如何处理好这一关系，便是多样与统一的问题。选用少量花材，特别是单一花材构图时，首先要使花材本身有变化，如花朵的大小、姿态、开放程度等都应有所差异；其次在构图时应巧妙安排，使花枝高低错落，花朵朝向有变化、有呼应，这样就会在统一中显出许多局部、细致的变化，使作品整体更显简洁、活泼。选用多种、多量花材时，首先要主次分明，花材应以1～2种为主，突出它们的位置、数量或色彩的效果，不能平分秋色；其次要保证花材之间的某些一致性，如想重点表现绚丽多彩的花色美，必须尽量保证各种花材在质地上、花形上的一致性，使用在多样变化中求得统一的艺术手法；相反，如欲重点表现各种花材的优美线条和姿态，就要尽量使它们在色彩、质地上有统一性。衬叶种类宜少，才能烘托花材的多样与变化。

（3）动势与均衡：均衡即平衡和稳定，插花中指造型各部分之间相互平衡的关系和整个作品形象的稳定性。无论什么样的构图形式，都必须保持平衡和稳定，只有这样，整体形象才会给人一种安定感、美感。均衡可分为对称均衡与不对称均衡。前者是指对称轴线两边的力、量、形、距离等相等或相同，这是最简单、最稳定的均衡，各种对称式构图普遍采用此手法，简单明了，庄重典雅。不对称均衡是指各要素在对称轴线两边虽形式不同，但心理和视觉感受上却相同，这种构图方式更生动活泼，富有自然情趣和神秘感，更易使人感到造型的和谐与自然之美。插花中常利用花材组合的高低、远近、疏密、虚实及花色的深浅等来取得不对称均衡的艺术效果。动势是一种运动趋势和感受，插花中指各种花材的姿态表现和作品造型的动感。动势是均衡的对立面，二者对立统一，相辅相成。对称均衡的造型常因花材安排缺少仰俯、顾盼、曲直、斜垂、张弛等变化而动势较弱，使作品显得生硬呆板，缺乏生气。而不对称均衡的各种造型，由于具有上述各种灵活多变的组合而具有丰富多彩的动势，所谓“形生势成”。动势是作品形象生动的重要源泉之一。

(4)节奏与韵律：事物进行有规律地重复，有组织地变化，这种重复与变化便表现为节奏和韵律。插花构图中各种花材的组织、变化，如高低错落、前后穿插、左右呼应、疏密断续、色块分割等，也应当有组织、有规律地进行。许多作品支离破碎、杂乱无章、平淡无味，大都是因为没有掌握好这一原则。学习制作插花，应多感受、领悟韵律与节奏，这将对提高插花技艺水平大有裨益。

2.传统插花的类型

东西方两大地域人们生活习俗及文化传统的差异，也反映到插花艺术之中，于是形成了各具特色的插花风格，出现了东方式和西方式两大类型的插花，见图 1-4、图 1-5。

图 1-4　东方式插花

图 1-5　西方式插花

(1)东方式插花：东方式插花是以中国和日本为代表在亚洲地区流行的插花形式。其特点是用材简洁，色彩素雅，构图多以不对称均衡的手法，注重表现花材的个体美，构图意境深远，引人遐想。

(2)西方式插花：西方式插花是以欧美等国家为代表的在欧美地区流行的插花形式。其特点是使用花材繁多，色彩绚丽，构图多用对称均衡的手法，注重表现花材的群体美，善于表达和营造奔放、热烈的情感和环境氛围。

东方式插花与西方式插花根据具体造型方法的不同，又分别有若干不同的插花形式与花型。如东方式插花可分为自然式、写意式、盆景式、壁挂式、悬吊式、野趣式等不同形式；西方式插花根据构图的外形轮廓不同有三角形、圆球形、半球形、椭圆形、L形、S形、新月形等多种形式。

3.商业礼仪花艺

商业礼仪花艺主要包括花篮、花束、花环及其他各种花艺形式，具有很好的装饰环境、美化生活、烘托气氛、表达情感等多种功能。

(1)花篮：花篮是切花应用的另一种重要形式，是指在用柳条、藤条或竹篾等编制而成的篮子里按照一定的艺术构图插上各种切花而形成的一种观赏植物装饰品。花篮主要用作喜庆祝贺的礼品，多用于开业典礼、舞台祝贺、生日庆贺等场合，也有用于表达怀念之意的。花篮的形态大小不一，大者超过 2 m，供地面放置；小者不及 30 cm，放于桌案、几架上，常作为配饰用。为保持所插花材的新鲜与活力，需给花篮内的切花供应可吸收的水分，一般常应用花泥来满足切花的吸水。花篮按照艺术风格的不同，一般可分为商品花篮和艺术花篮两类，见图 1-6、图 1-7。

图 1-6　商品花篮

图 1-7　艺术花篮

①商品花篮。商品花篮有各种规格。大型的可在 2 m 以上，分上下两层，上层为主体，下层作点缀，花材摆布，多呈放射形对称式构图。上层插成半球面，主花材与次花材相间配置，用稍大型的切叶作衬底；下层用少量切花和切叶装饰，与上层相呼应，常用于开业庆典、工程剪彩等活动。单层提篮式花篮体型较小，制作精美，花材的配置常为拟对称式构图，也可巧妙安排花材，形成一定的构图中心，以提高艺术效果，多用于文艺演出、祝贺慰问等。商品花篮常用的切花种类有唐菖蒲、月季、菊花、非洲菊等，切叶有苏铁、散尾葵、天门冬、大叶黄杨等。

②艺术花篮。艺术花篮的篮子造型丰富，规格以中、小型号为主，常根据陈设空间的格调、环境的色彩、花篮的摆放位置等来选择花篮和进行构图设计，通常做成四面观平视欣赏。艺术花篮设计构图多采用不对称的几何形，常利用花朵、枝叶及茎蔓的自然姿态造型，形式典雅而不拘一格，配上颜色适宜的丝带结，也会给花篮增添美感。艺术花篮在总体上应注意花篮与花材之间，主、次花材之间的搭配，注意花篮与陈设环境之间的协调。艺术花篮应用的花材种类较广，一般以花形优美的中、小型花为主，如小苍兰、月季、红掌、郁金香、非洲菊以及应时的木本观赏植物如梅花、蜡梅等。

(2)花束：花束是日常生活中常用的礼仪插花(图 1-8 和图 1-9)，在多种不同场合，如迎送宾客、探亲访友、慰问悼念等都可应用。用于花束的切花种类常因花束的用途及各地风俗习惯的不同而不同，如月季多用于表达爱情，香石竹则是母亲节的主要用花，婚庆、馈赠等常用花色艳丽的百合、月季、非洲菊等；而表示悼念或葬礼时，则多用白色的菊花、马蹄莲等。花束广泛使用的花材有唐菖蒲、月季、菊花、马蹄莲、郁金香、小苍兰、非洲菊、百合等，其中以花梗挺直、花期持久的为佳。制作花束除需各种切花花材外，还需要各类切叶花材，如文竹、肾蕨、天门冬等。应注意所选用的花材应避免带有钩、刺等，带有异味或易污染衣物的花材也应慎用。

图 1-8　花束

图 1-9　花束(架构花束)

(3)人体花艺：切花也可作为人体仪表的装饰来应用(图 1-10)，可为人增添高贵典雅的气质，常见应用的形式有花首饰、肩花、腕花及胸花等，在较正式的礼仪活动、民俗活动及文艺演出等场合应用较多。

图 1-10　人体花卉

①花首饰。花首饰即插在头发上的花卉装饰，在各种文艺演出、服装表演、婚礼仪式和民俗活动中广泛应用。常见的发型花饰有以下几种：单花式，以一朵中型或大型花作为主花，配上 2～3 枚衬叶，有时也用尼龙纱、丝带花等做成衬托，突出主花之美，一般披肩发多采用这种花型，佩戴在耳侧。新月式，以 3～5 朵中型花作为构图中心，以小花作衬花，两端用衬叶或丝带适当点缀，整体上看近似新月形，佩戴于头上与头部轮廓吻合。此种花型适于各式短发型。

在选择作为构图中心的中型花时，花形、花色应协调，种类不宜多，两三种即可。环式，佩戴于发髻上，呈环形或半环形，从整体上看，可以有构图中心，也可不形成构图中心，花朵分布较均匀，以选择中、小花朵为好，切忌将发髻完全遮盖而失去美感。作为发型花饰应用，鲜花花材很易失水萎蔫，可选择花朵持久的热带兰类作为主花，其他常见使用的花材还有香石竹、栀子花、茉莉花、霞草、文竹等。

②帽花。帽花指帽子上的花卉装饰，使用场合及作用与发佩花相近。在帽子上点缀花卉，风格、款式应与帽子和服饰相协调，表现出奔放洒脱的形象，或庄重典雅的气质。帽佩花的主要形式有单侧式及周边式两种，单侧式装饰在帽子的一边，用3～5朵花组成一个构图中心，再用衬花、衬叶相配，整体上呈不规则的三角形或菱形。周边式是把花饰做成环形，围在帽边，花朵的分布可以有构图中心，也可以均匀分布，并根据具体情况加丝带点缀。帽花所用花材也以中、小花型为主，也要注意花材的持久性，必要时可以喷水以保持花朵鲜活。

③肩花。用花卉点缀肩膀的装饰形式，在文艺演出、服装表演、婚礼仪式上都有应用。肩花的格调也应与服饰式样及风格相统一，通常只佩戴在身体一侧，前面可垂到胸前，肩处形成一个构图中心，背后再延伸至腰部，花饰下端可用丝带或衬叶点缀。肩花一般用别针固定在肩上，花材多选花朵持久的蝴蝶兰等花卉。

④腕花。腕花是佩戴在手腕上的花饰，在文艺演出、婚庆礼仪及舞会等都可应用。通常把饰花固定在松紧性适中的丝带圈上，或固定在装饰性的长手套上，佩戴在手腕上即可。腕花也应注意与服饰协调统一，花型可以是单花型的，配上衬叶、尼龙纱等，也可由3～5朵主花形成构图中心，再加些衬花、衬叶。腕佩花所用花材常以各种花型中、小的热带兰类为多，如能加些有芳香的花材，如白兰花、茉莉花等，则会增添温馨浪漫的气氛。

⑤胸花。胸花也称襟花，是会议及重要礼仪活动广泛应用的装饰形式，以显示高贵、典雅、庄重的气质。胸花体量不宜过大，用花也不可过繁，男士胸花装饰在西装口袋上侧或领片转角处，女士则佩戴在胸前。胸花制作时先选好主花材及衬花材，一般以1～3朵花型美丽的中型花作为主花，主花材花梗保留5厘米左右长度，再选用少量衬花和轻巧的衬叶，将衬花材及衬叶摆布在周围，再用丝带等点缀，花梗和丝带的方向朝下，花朵朝上，最后把各花材的花梗束在一起，切口处加上含水小棉团，用锡铂纸包裹起花梗，用丝带扎住就可应用。胸花主花材选用不仅要考虑服饰的颜色、质地、款式等，还应根据礼仪活动性质的不同而有所区别，如会议用花则庄重典雅，婚礼用花则热情浪漫，哀悼用花则以冷色调为主。此外，尼龙纱、丝带等配饰物也应与主花相协调。胸佩花所用花材以蝴蝶兰、卡特兰等花朵持久的花材为多，此外，康乃馨、勿忘我、霞草等也是常用的花材，文竹和蕨类等常作为衬叶使用。

(4)其他切花装饰品：

①花环。花环是用切花装饰或制作的软环，套在脖颈上佩戴，是一些国家及地区迎送宾客和民俗活动中的装饰形式之一。花环的形式及风格常具有鲜明的民族特色，花材的选择也因地区不同而有区别，东南亚等国多用热带兰类和鸡蛋花、素馨等既美又香的花材编制而成，而西方国家常见的圣诞花环多以欧冬青和干果类植物为主。花环除作颈饰以外，还常作壁饰和门饰来应用。

②桌饰。桌饰为宴会餐桌上常应用的装饰形式。大型桌饰多用于高规格的宴会和冷餐会，用来营造、烘托隆重的气氛，小型桌饰可用于家庭宴会，增添用餐的食欲和情趣。桌饰一般为四面观赏，高度通常在25厘米以下，以不影响就餐者的视线为宜。从平面构图来看，有椭圆

形、圆形、菱形、三角形和多边形等，平面构图应与餐桌形状相协调，装饰面积以不影响布菜和方便就餐为原则。大型桌饰也可以中间的一组桌饰为中心，四周点缀些花朵和衬叶，用来丰富构图。制作桌饰的花材以色彩明快为好，如百合、热带兰、香石竹等，衬叶常用的有天门冬、肾蕨、花叶龙血树等；家庭宴会还可选用蔬菜、果品等作材料，更富有生活气息。

③婚礼捧花。婚礼捧花是结婚新人手持的婚礼花饰之一，一般可分为花托捧花和花束捧花两种。花托捧花是把花材固定在装有花泥的花托上，制作快捷又便于花材保养，使用时双手握住花托手柄。花束捧花不使用花托，使用时单手持于身侧。从设计及构图形式上来看，可分为圆形捧花、瀑布形捧花、半月形捧花及自由形捧花等。

(二)盆栽花卉生产基本知识

1.盆栽花卉对基质要求

盆栽花卉由于盆土容量有限和盆透气性差，必须采用人工配制的混合栽培基质。混合栽培基质必须达到疏松，富含腐殖质，具有保肥性能，透气性好、蓄水和排水性能好，酸碱度符合植物生长的要求。

2.盆栽花卉育苗技术

盆栽花卉的生产育苗技术很多，如播种、插育、分株、嫁接、压条等，但最常用的主要有播种育苗技术和扦插育苗技术。

(1)播种育苗技术：播种育苗的播种期应根据各种园林植物的生长发育特性、需求及环境条件与控制程度而定。保护地栽培下，可按需要时期播种；露地自然条件下播种，则依种子发芽所需温度及自身适应环境的能力而定。播种育苗的方式常采用浅盆育苗和容器育苗2种方式。

①浅盆育苗。一般采用盆口较大的浅盆或浅木箱。浅盆深10厘米，直径30厘米，底部有5～6个排水孔。播种前要洗刷消毒后待用。

播种的方式：小粒、微粒种子掺土后撒播（如四季海棠、蒲包花、瓜叶菊、报春花等），大粒种子点播。然后用细筛视种子大小覆土，用木板轻轻压实。微粒种子可不覆土。

给水：盆播大粒种子，可用喷壶浇水，中小粒种子盆播用盆底浸水法给水。盆底浸水法是将播种盆浸到水槽里，下面垫一倒置空盆，以通过苗盆的排水孔向上渗透水分，至盆面湿润后取出。浸盆后用塑料薄膜和玻璃覆盖盆口，置庇荫处，防止水分蒸发和阳光照射。夜间将塑料薄膜和玻璃掀开，使之通风透气，白天再盖好。

管理：盆播种子出苗后立即掀去覆盖物，拿到通风处，逐步见阳光。可保持用盆底浸水法给水，当长出1～2片真叶时用细眼喷壶浇水，当长出3～4片叶时可分盆移栽。

②容器育苗。这是近代普遍采用的方法，有各类容器可供选用。容器育苗的基质主要用泥炭，可混少量珍珠岩，比例为4∶1。容器易搬动，灭菌方便，移栽时易带土。小容器单苗培育在移栽时可完全带土，不伤根，有利于早出优质产品。用一定规格的容器可配合机械化生产，工厂化育苗常用容器育苗。

(2)扦插育苗技术：根据插条所取部位的不同，扦插可分为枝插（茎插）、叶插、叶芽插和根插等类型。最常用的方法是枝插。枝插是指以带2～4个芽的枝条（茎）作为插穗的扦插方法。枝插根据扦插时间以及枝条木质化程度的不同，又可分为以下几种类型：

①嫩枝插。也叫软枝插，生长期采用枝条端部嫩枝作插穗的扦插方法。多用于草本植物。

② 半软枝插。也叫半硬枝插，在生长期用半木质化带叶片的枝作插穗的扦插方法。

③硬枝插。在休眠期用完全木质化的一、二年生枝条作插穗的扦插方法。

3.盆花浇水

盆花对水分需要量和它的原产地水分条件有关,原产于热带和热带雨林的花卉需水量较多,原产于干旱地区的需水量较少;叶子大、质地柔软、光滑无毛的观赏植物需水量多;叶子小、质地硬、表面具蜡质层或密生茸毛的观赏植物需水量少。浇水原则:见干见湿,间干间湿;不干不浇,浇要浇透,忌浇半干水;湿生花卉在栽培管理上应掌握"宁湿勿干"的原则;旱生花卉在栽培中应掌握"宁干勿湿"的原则。

4.盆花施肥技术

盆栽花卉追肥多为速效性无机液肥和有机液肥,施肥一般以"薄肥勤施、少量多次"为原则,浓度过大易使叶片和根受伤,追肥后用少量水,喷洗叶面,保持叶面清洁。

(1)观叶植物以氮肥为主,并结合复合肥或磷酸二氢钾施用,促使枝叶繁茂,又不徒长,枝叶结实,一般生长期 7～10 天或 10～15 天施肥一次。

(2)观花草本花卉生长周期短,营养生长期也短,在定植后施用 1～2 次氮肥,之后施用复合肥 7～10 天一次,花芽分化前追施磷钾肥一次,花蕾露色后追施磷酸二氢钾肥 1～2 次。

(3)木本花卉生长周期长,按抽梢生长期肥、花前肥、花蕾露色肥施用,观果植物还要施花后稳果肥和壮果肥。木本观叶植物以氮肥为主,辅以磷、钾肥;观花木本植物抽梢生长期以氮肥为主,结合复合肥施用,花芽分化前追施磷钾肥一次,花蕾露色后追施磷酸二氢钾肥 1～2 次;观果植物稳果肥和壮果肥可施用复合肥和钾肥 1～2 次。

二、花材的准备

(一)鲜花的进货渠道

在寻找供货商时要权衡花卉供货商所处的位置与花店所在地区的距离远近。从经济方面考虑,应尽量节约花卉进货的费用,以提高经营利润。一般来说,鲜花的进货有常见的 4 种渠道。

1.花卉批发集散地

全国各大花卉批发集散地是鲜花进货的最理想的供货场所,是鲜花店的首选供货商。这类市场经营各种花材,花卉品种齐全,时间上比较灵活,而且能准确地把花卉发送到客户手中,在运输、保管、包装、装卸方面都比较完善。如果规模较大、档次较高的花店,由于单次的进货量大,可以加强对外合作,跟国内的一些大型鲜花生产基地合作。如云南昆明的鲜花生产基地,这里生产的鲜花种类很多,直接合作还能节省中间代理商的差价,成本比较低。

2.本地花卉市场

进货时,要充分考虑在确保花卉品种齐全、质量过关的前提下就近进货,减少进货的环节、运输费用,降低花店的经营成本。因此,从本地花卉市场进货是最理想的花卉进货方式,进货时要注意的是尽量从一级供货商处进货。

(1)批发市场进货的优劣势。批发市场进货的优势是:市场内批发商家多、产品的种类多,包含着高档的和低档的鲜花花材。劣势是:同样的产品在价格和质量上有很大的差别,在进货时需要掌握更多的鲜花批发商家的价格资料,进货时需货比三家,选择性价比高的商家。

(2)批发市场进货的注意事项。从鲜花批发商那里进货时,要注意不同的商家其代理的商品质量各有差异。比如,张三代理商的百合质量好款式多,但在玫瑰的质量和种类上差一点,而李四代理商则是在玫瑰的质量上比较专业，百合就次一点。因此，在选择代理商时应考虑与两者合作，选择他们质量最好的产品，并且将这些代理商慢慢地发展成为长期稳定供货源。

3.本地花草苗木种植园

花草苗木种植园指的是花卉培植基地。一般生产较常见的鲜花，鲜花的种类比较单一，但是价格能便宜，而且新鲜度能保障。如果是在情人节、春节等节日用花大增的时候，就近与本地鲜花生产基地合作，可以很好地缓解销售需求。

4.上网查询相关网站

现代社会是信息化高度发展的社会，鲜花店的经营者在寻找花卉供货商时还要充分利用网络。规模较大的花卉市场都会有自己网站，网站上会介绍花卉品种等多方面信息。通过网站可对其有一个初步的了解，也可从中选择最合适的供货商。

(二)鲜花采购要点

鲜花的采购对开花店来说非常重要，店里花材是否新鲜决定了顾客的满意度和店里的成本。

1.新鲜度的鉴别

到花市去选购花材的时候，除了要注意花材的开放程度，更要注意花材的新鲜程度，因为它关系到插花作品寿命的长短。花材的新鲜度可通过以下几种方法来判别。

(1)花材的花枝长短、粗细、色形、大小以及叶、茎、花的外形、色泽，有无枯萎或病虫害；看花材根部是否偏绿，吸水是否流畅；看花材的动势与神韵表现。

(2)选购时，请教商家或懂行者，再结合自己平时的积累，以获得有益的启发。

(3)选购时可货比多家，从外观、色泽到价格等均可，在比较后选取较为理想、新鲜的花材。

(4)可通过摸花苞的紧实度、观察花茎的硬度和根部的光洁感，来判断花材是否新鲜。如购买康乃馨时先捏花头，若是实的，则花好，是松的，说明开了一段时间，则不选。

2.鲜花采购标准

如果选购回来的花花期短，很快萎蔫，不仅增加了采购的频率，又浪费了钱。因此，经营者在选购鲜花的时候要注意以下几个方面。

(1)花瓣要有弹力，颜色应鲜艳，没有变焦黄。

(2)花萼充实，花瓣繁多，花朵才会开得茂盛。

(3)花蕾不能太实，否则可能有“不开”的现象。

(4)花茎尾部必须硬，选择时要取茎尾没有腐烂迹象、无腐臭气味的。

(5)花形不宜过小或花瓣过少，过小或过少是由于除去外围残缺的花瓣所致。

(6)同一种花材，最好选取有蕾又有大花的，这样插出来的花才能长时间保持艳丽。

(7)花茎不宜过短。原因之一，花朵没能及时出售，花茎基部易形成气泡，卖家为使花材能保证正常吸水而剪短；其二，可能因长度不足而使插花过于细小。

(三)影响鲜花采购的因素

鲜花的生产、销售和保鲜受外界因素的影响大，因此花店经营者在采购鲜花时要考虑以下因素。

1.季节的变化

季节的变化是影响花店经营的重要因素之一。例如，在北方地区，冬季鲜花生产困难较大，需要做加温和保温处理，投入比较高，有时需从南方进货，所以鲜花的批发价较高；虽然这时鲜花消费量比较大，销售利润也很可观，但是需要较多的流动资金支持。在夏季，为鲜花生产的旺季，生产投入较小，花价也相对比较低，不过因为气温高，增加了保鲜的难度，鲜花报损率较高，经营成本仍降不下来。因此，进货可以遵循这样的原则：由夏季向秋季过渡，直到初冬这段时间，花价应该呈上涨的趋势，因此每次进货可以考虑比正常量增加 5%～10%；而由冬季向春季过渡，直到初夏这段时间，花价应呈下降的趋势，可以采取适当增加进货次数、每次减少进货量的方式来降低进货成本。

2. 节日的影响

鲜切花行业的销售高峰期一般集中在全年中的各个节日前后。对花店零售额有明显影响的节日一年有 15～20 个。其中，有我国传统的节日如春节、清明节、中秋节、重阳节等；也有近年兴起的“洋节”，如情人节、母亲节、圣诞节等；还有其他一些法定节日，如国际劳动节、国庆节等；甚至一些民俗中的特殊日子，如“中元节”“送灶”等。一般而言，不同的节日虽然都会使花店的销售额有所上升，但其影响的程度是不一样的。比如，春节、情人节、中秋节和圣诞节，可能给花店带来比平日高数倍甚至数十倍的营业额；而母亲节、父亲节，只是使花店的生意比平时略好一些。另外，有些节日可使花店内经销的商品（如各种鲜切花、礼品和绢花、干花）销售均有增加，而有些节日却只影响其中的某几种商品。比如，在情人节期间，鲜切花销售量最大的一般是玫瑰；而在母亲节，销售量最大的是康乃馨。因此，作为一个花店经营者，了解各个节日对花店经营的影响是非常必要的，应当根据自己店内平日的销售情况，预期不同节日里的销售前景，估算对鲜切花的需求量，以合理地安排进货。同时也要考虑好以下几个因素。

(1)安排进货时，不能单纯考虑进货量的增多，还要考虑因为鲜切花需求量的增大，批发价因受节日的影响会有所浮动。因此，进货日期可以提前，尽可能减少因涨价而增加的成本。

(2)进货时，要考虑若增加了进货量之后，是否有储存这些鲜切花的能力，是否有把握使鲜切花不会因保鲜措施跟不上而报损。

(3)节假日期间，还应当考虑店内是否需要增加人手，以避免到时面对大量的鲜切花和高流量的顾客，却因缺少帮手而无力将商品销售出去。

3. 本地重大活动和节日的影响

本地的重大活动和节日对花店经营状况的影响是很大的，而对地处某一特定位置的花店而言，区域性的重大活动也会对经营状况产生一定的影响。所谓区域性的重大活动，是指在花店所在的地区内，政府或大、中型企事业单位和机构组织的庆典、会议、展览、促销以及民俗庆祝活动等，比如开业、展销会、艺术节、庙会等。

(四)花材的保鲜与贮藏

鲜花的保鲜与贮藏工作对鲜花店而言是非常必要的，只有做好保鲜工作，才能减少损耗，才能控制和降低成本。

1. 花材保鲜方法

(1)延长花期：减缓花材生命运动速度，延长花期的主要方法是降低温度，减少阳光照射等。放置鲜切花的房间最好采用能产生大量红光的日光灯或日光灯和白炽灯混合照明，展示窗要避开阳光直射。

(2)让花材充分吸收水分:让花材充分吸收水分的具体做法有以下几种:

①水中切取法。将花枝浸入水中进行剪切,一是剪去采运过程中导管已吸入空气的茎段,同时可以防止剪切时空气进入枝茎导管内,形成气泡而阻碍花枝吸水。二是剪去被污染的切口。

②增加切口面积法。将花枝底部切口切成斜面或呈"十"字形纵切,以增加切口面积,使花枝吸收足够的水分,通过导管输送至花枝各部分。

③控制剪切高度法。根据鲜切花的吸水能力来决定剪切高度,如剑兰等吸水性强的花材可保留较长的花枝,而玫瑰等吸水性较差的花材就要保留较短的花枝。

④叶面喷水法。由于花材主要是通过花枝切口吸收水分的,但花材的枝、叶、花都具有一定的吸收水分的能力。向花材喷水,一方面可促进花枝多吸收水分;另一方面可减少花材的枝、叶、花各部分水分的蒸发损耗,达到延长花材保鲜期的目的。因此,要定期向花材或花艺制品喷水,但菊花、康乃馨、百合、勿忘我、黄莺、百日草、扶郎花等品种除外。

⑤注水法。如图 1-11 所示,用注射器把水注入茎的小孔内,直到水流出为止,以排出其内的空气。

⑥汁液灼烧法。如图 1-12 所示,此方法针对吸水性差的含乳汁多的木质花材,剪切后应立即用火烧焦切口,如一品红、夹竹桃、橡皮树等,必须用火炙烧,才能制止乳浆的外流,否则,其花序及枝叶会迅速萎蔫,丧失植物本身的自然美。

⑦切口浸烫法。如图 1-13 所示,将花材基部切口浸入 5～7 厘米深的热水中 2～3 分钟,既可杀灭切口处的细菌,又可排出切口处导管内的空气,同时对含乳汁多的花材也可用此方法去除乳浆。

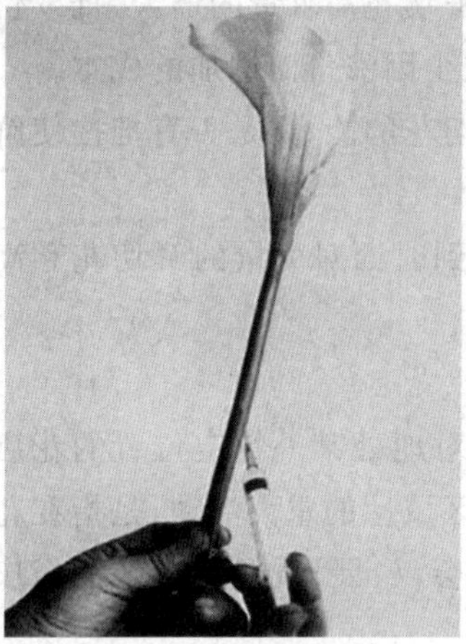
图 1-11　注水法

图 1-12　汁液灼烧法

图 1-13　切口浸烫法

图片引自《新概念插花艺术设计——艺术插花高级》

⑧深水浸泡法。深水浸泡法是指利用水自身的压力促进花材吸收水分。这种方法是针对由于长时间缺水导致轻微萎蔫时采用,即在插制前将鲜花插在深水中,仅使花头部分露在水面上,约浸泡 20 分钟,使花枝吸足水分。

(3)不要与水果一起摆放:植物体内有许多内源激素可以加速花枝的老化,使花瓣卷缩、褪色、脱落,乙烯便是这样一种激素。由于水果在成熟过程中会产生乙烯,故花材或花艺制品不要与水果一起摆放。

(4)使用切花保鲜剂:保鲜剂可以有效地延长花材的瓶插时间,并且操作简单,使用方便。切花保鲜剂的种类很多,市场上也有成品出售。保鲜剂主要成分有:抗氧化剂,如抗坏血酸、硫酸亚铁和铁粉。吸附剂和吸水剂,如沸石、硅酸、氧化活性炭等。乙烯清除剂,如高锰酸钾。乙烯合成抑制剂,如硝酸银。杀菌剂,如8-羟基喹啉、硼酸、水杨酸、苯甲酸等。营养剂,如蔗糖。

简易切花保鲜剂,配制简单,使用方便,成本低廉,效果良好。下面几种是经过验证的简单配方:

①阿司匹林3片溶于1千克的水中。

②阿司匹林2片+维生素C 2片溶于1千克的水中。

③蔗糖10克+维生素C 1片+明酸0.2克溶于1千克的水中。

④蔗糖10克+食盐10克溶于1千克的水中。

⑤硫酸铜5克+蔗糖20克溶于1千克的水中。

⑥硝酸铝3克+蔗糖20克溶于1千克的水中。

⑦硝酸银0.05毫克+硫代硫酸钠0.5克+蔗糖20克溶于1千克的水中。

⑧8-羟基喹啉柠檬酸钠0.2克+蔗糖20克溶于1千克的水中。可用于百合花的保鲜。

⑨93%洗洁精。

⑩0.5%乙醇。

(5)防止切口感染:主要采取定期补充新鲜水分和定期换水。花艺制品的用水以天然水最好,用自来水时应放置一天再用,以防止自来水中的某些消毒物质对花枝的损害。为防止切口感染细菌,还可将少许食盐涂抹在花枝切口上。

2.花材的贮藏

鲜切花的贮藏是延长切花寿命的主要方法,其原理是抑制花的呼吸作用和乙烯的产生,从而延长切花寿命。贮藏方法分干藏和湿藏两种。

(1)湿藏:湿藏是把切花插入盛有水或者保鲜液的容器中,再放到冷库中贮藏的方法。湿藏的温度一般为3~4 ℃,切花插入溶液10~15厘米。这种方法是切花使用最多的方法,多用于正常销售和短期存放,货物收到后立即修剪,分级,去掉下面的叶子,先用预处理剂处理5分钟,再转入保鲜剂或水(最好使用蒸馏水)中即可,这样贮藏可达到1~2周。

(2)干藏:干藏是将经过预处理的切花直接放入冷库或装箱后的运输期间的存放。这种方法特点是占用空间小,贮藏量大,适于长期存放。大部分切花贮藏温度一般为0~2 ℃,个别观赏植物如花烛为13 ℃,鹤望兰、巴西木为8 ℃。

三、设备工具的准备

(一)常用设备

常用的鲜花保鲜设备有保鲜柜或者冰柜。其作用是通过降低温度,让鲜花减缓开花速度,同时其内部细菌减慢活动速度,起到延长花期的作用。有条件的花店最好购置保鲜柜或者冰柜,常用的鲜花保鲜柜见图1-14。

图1-14　鲜花保鲜柜

(二)花器及常用工具

1.花器

花器主要是指花盘、花瓶、花钵、花篮等放置花材的容器,有玻璃瓶、竹编花器、陶器花瓶、塑料桶、木桶等,还有柳编、竹编和藤类的花器。其中,色彩丰富的瓷盆、瓷盘、木盆、铁桶等适合用于花店的个性装饰;易生锈的铁桶和竹编类花器,可以在里面放入玻璃瓶后盛水使用。这项投入可多可少,而且是一次投入,长期使用。

2.辅助材料

辅助材料主要包括花插(又称剑山)、花泥、花托、卡片和卡片夹、丝带及丝带花等。

3.包装材料

包装材料有缎带、纱网、不织布、包装纸、彩带、节日签、蜡烛台、条幅等几类。价位适中的包装材料主要产自国内和韩国,高档的包装材料一般产自德国和日本,色彩、质地及款式设计都很好,更适于与花艺设计恰当搭配。若投入价位适中的包装材料,一次在300~400元即可。如果走高档路线,则要投入几千元采购进口包装材料,但可以长期使用,如有些缺货,随时补充。

4.花艺工具

花店的经营,店内所需的工具比较琐碎,但是缺一不可,必须要有剪刀修理花枝,有喷壶喷水保鲜花朵。

(1)剪刀、小刀:每间花店最好多准备几种型号剪刀和小刀,且要保持锋利。

(2)花瓶:花瓶可以分两类,第一类是与花店的装修风格相配,可将花店卖的花放入其中,便于客人挑选花材和花瓶。第二类的花瓶是用于直接销售,颜色各款式丰富,也可放在店内插制成作品或直接销售。

(3)花泥:花泥的种类很多,现在一般都是分两类:干花花泥和鲜花花泥。一般经济条件许可时各种形状的花泥都应有些储备,以便顾客要求插制作品时选用。鲜花花泥的提前浸泡也应该是每天的必备工作。

(4)铁丝:做花球、襟花和花篮等造型都需要各种型号的粗细铁丝,店内很多杂事中也少不了铁丝。

(5)丝带、珠串、花托:丝带、珠串、花托等用于包装扎物,能给作品增色不少。各种颜色、型号、档次的丝带最好都备一些,用来配衬花篮和花束用。

(6)包装纸、纱网:包装纸、纱网的样式很多,且常在变化,因此,在花店内需常备各种颜色和型号。

(7)喷水器:喷水器是花店必备的工具,每个花店至少要备有2个。

(8)寄语卡片、插签:寄语卡片、插签配合花篮、花束用,也可印制成写有本店地址、电话等内容的顾客卡,方便顾客留存,具有广告效果。

(9)清洁工具、水桶:用来保持花店的整洁。水桶还可用于浸泡鲜切花。

(10)文具:一般的纸张、单据、发票、信封、胶带、签字笔、写缎带的金粉、墨水、毛笔等常用文具在花店里都应有备份。

(11)其他:如气球、胶水枪、热熔胶枪、鲜花用的颜色染料、洋娃娃以及可以与花搭配销售的小饰品等都应备有,备用量可视销量而定。

第六节　花店经济效益分析

一、花店投入分析

(一)花店的投资

鲜花店投资的成本较低,一次性进货的数量不会很多,所以先期投资不是很大,主要是店铺的租赁和装修。例如,开一家规模较大、格调高雅、技术水平较高的花店,预算资金约需要10多万元,其中包括昂贵的铺位租金、庞大的装修费用、技术人员培训费用和薪金、一间仓库以及较充足的流动资金。如果只是开一家小花店,几千元也可以够用。

(二)创业项目资金筹集

想创业,资金是保障,可从以下几方面筹集创业资金:

1.自筹资金

向家人、朋友自筹资金是部分还未有收入的在校大学生创业者的主要选择。国内某权威大学生就业调查机构发布的调查报告显示:本科大学毕业生的创业资金大约80%来自个人和家庭的资金。

2.申请小额创业贷款

现在国家对于大学生创业有很多的政策,为创业者提供小额创业担保贷款,是国家鼓励创业的主要政策之一。针对大学毕业生自主创业,除了国家的扶持政策,各地也有一些相关的扶持优惠政策,以鼓励高校毕业生自主创业。

3.YBC创业贷款

YBC创业贷款,这是一个比较不错的组织,是大学生创业资金来源之一,YBC是由共青团中央、中华全国青年联合会、中华全国工商联合会共同倡导发起的一个旨在帮助青年创业教育项目,该项目可为18～35岁的青年提供无息无抵押贷款,贷款总额在3万～5万元不等。

4.参加创业比赛

参加创业比赛对大学生创业者来说是一个挑战,参与是一个学习与收获的过程,还有获得奖金的机会。一般创业大赛的创业培训资金非常丰厚,通过决赛得到第一名的选手往往能得到一定数额的创业培训基金,目前很多大学生都将参加创业大赛当作挑战自我的机会和创业实战的平台。

二、花店的支出

开花店有很多支出都会影响花店的盈利,如房租、人工、花的损耗等。在开店过程中要精确计算花店的支出成本,只有明确花店的支出并把花店支出控制在一定的范围内,开源节流才能从根本上使花店盈利。

(一)房租支出

房租支出是店主首要考量的重要经营指标,在大部分花店的开销中,房租会占到花店经营成本的50%以上，例如，房租一个月为5 000元，则一年店铺租金为6万元，加上水电费开销，一年在店铺上的花费将在7万元左右，而且房租一般每2～3年会上涨10%左右，因此在经营前应先做好规划，把房租充分计算在支出成本之内。建议将房租平均至每个月完成，或利用旺季接大单时完成，或建立财务系统，单独设立银行卡，以每月存进定额房屋租金的方式把至少一年的店铺租金准备充分。开花店先要能把房租赚出来，这样才不至于在每年交房租的时候紧急筹措资金，甚至要动用花店的周转资金，影响了日常经营。

(二)人工成本

花店的另一大开销为人员费用支出。开花店不能只有自己一个人，还需要有助手，小花店至少有1名花艺助理，在有一定规模的花店中，需要2～3名花艺助理来协助工作。以一个花艺助理为例，月薪3 000元则年工资支出3.6万元，若在过年、过节时需要给员工发双薪或补助，一个助理工资一年最少支出4万元左右，那么与房租相加，一年已净支出11万元左右(不包括自己的收入在内)。

(三)包装成本

开花店还有一个隐形的支出，一般很少被计算在内，那就是各种包装材料。目前，花店卖花少不了包装，但在售卖花时很少收取包装费，有的包装纸要2元以上，如果一个花束包装纸用到5张以上，至少在包装一项上就会失去5～10元的利润，这就增加了花店的成本，因此，很多花店销售额不少，但最终还是获利不多。由于花店的过度包装是一项非常浪费的纯支出，因此花店应加以成本核算。如何合理地配比耗材、简化包装、减少浪费，是每一个花店的“必修课”。

(四)损耗成本

花艺工具的损坏、丢失，花泥等一次性消耗品的使用等都为耗材，应摊入成本。除了耗材之外，花材因养护、运输不当等原因造成无法使用，也会形成损耗，这是花店蒙受损失的另一个重要因素。鲜花养护周期若按周计算，一周之内花无法卖掉，就会有损耗。例如，一个店铺一周进一次货，每次500元，若损耗20%，即100元，损耗是很高的。如何通过销售、技术手段或用制作衍生品等方法延长鲜花的寿命降低损耗，应当纳入店主考虑的范围之内。

(五)外送服务成本

现代人习惯快递上门，外送的人工、时间、成本等资源如何合理配置也是需要考虑的。什么样的订单什么情况下收快递费，什么情况下不收快递费，订货满多少免快递费等都要考虑清楚。只有合理使用外送服务，才能做到既让顾客满意，又使销量增加，还能把外送成本控制在允许的范围内，以免得不偿失。

(六)学习支出

花店还有另外一大隐形支出，即学习成本。作为一个新时代的花店要想跟上时代潮流甚至引领潮流，就需要花店店主随时保持对行业的敏感性，不断学习新知识、新技艺，包括购买阅读最新的花艺书籍，学习花艺提升课程，外出研学，参加展销等活动，甚至去国外游学等。这项支出是除去房租以外的另外一大成本，有时甚至可能会比房租还贵，尤其是在开花店的前期准备和开店初期阶段，这项支出是必要的，因为它可以让你的花店保持活力与竞争力。因此，店主需要在每一年做支出计划时，有意识地把学习支出算在成本核算中，做好计划。

三、花店定价分析

(一)定价的程序

价格通常是影响交易成败的重要因素,同时又是市场营销组合中最难以确定的因素。花材定价的目标是促进销售、获取利润,这要求经营者既要考虑成本的补偿,又要考虑消费者对价格的接受能力,从而使定价策略具有买卖双方双向决策的特征。一般来说,定价有以下几个程序。

1.选择定价目标

定价目标应与花店的经营目标一致,一般分为4种目标。

(1)生存目标:在花店初期或市场不景气,面临产品滞销、积压等困境时,为了求生存维持经营和卖出存货,应定低价以弥补成本。

(2)扩大市场占有率:花店为了取得最大的市场份额,期望能获得最低的成本和长期的最大利润,制定较低价格以追求占有较大的市场份额。

(3)应付竞争:在研究竞争对手价格的基础上,制定出略高或略低于对手的价格。

(4)追求高利润:以追求最高利润为定价目标,追求最高利润并不等于高价格,而是指企业长期目标的总利润。

2.测定价格弹性

经营者调查市场的需求结构,了解不同价格水平上人们的购买数量,分析需求的价格弹性,即价格变动引起需求量的变化程度。比如,当一件作品价格为20元时,需求量为5件,当价格降为18元时,需求量大幅度增加,这说明弹性较大,需求量对价格的变动敏感。反之,当价格下降时没什么变化,说明需求量对价格的变动反应迟钝。

3.估算成本

鲜花或花艺产品的成本一般分为以下两类。

(1)固定成本。即不管销售多少产品,它的数额均保持不变,如房屋的租金、管理人员的工资、利息、折旧费(汽车、空调、冷藏柜、电脑、办公家具)、办公费用等。

(2)变动成本。即随产品的产量和销售量的变化而变动的成本,主要是制作和营销方面的费用,如花材费、花泥费、电话费、运输费、广告费、水电费、临时工工资等。固定成本与变动成本之和为全部成本。

4.了解竞争对手的价格

由于产品的最高价取决于市场需求,最低价取决于产品的总成本费用。因此产品价格定得多高,取决于竞争对手产品的价格水平。若竞争对手的产品质量水平与自己的相似,价格可大体一致,若高于对手价格可高些,若低于对手价格应低一些。

(二)定价的方法

在零售市场营销组合的商品、价格、服务、促销四大要素中,价格是唯一能直接给经营者带来利润的要素。因此,商品价格的制定是花店经营者需重视的因素。

1.成本导向定价法

成本导向定价法是一种最简单的定价方法,即在产品单位成本的基础上,加上预期利润作为产品的销售价格。售价与成本之间的差额就是利润。这种方法又可细分为加成定价法和目标定价法两种。

(1)加成定价法:按产品单位成本加上一定比例的利润制定产品价格的方法。

(2)目标定价法:根据花店的总成本和估计的总销售量确定一个目标成本利润率,作为核算定价的标准,从而核算出每个产品的销售价格。

2.需求导向定价法

需求导向定价法是指根据市场需求强度和消费者对产品价值的理解来制定产品销售价格。这种定价方法主要是考虑顾客可以接受的价格以及在这一价格水平上的需求数量,而不是产品的成本。这种定价法可细分为理解价值定价法和区分价值定价法。

(1)理解价值定价法:根据消费者理解的商品价值来定价,影响购买者的因素有产品的质量、服务、广告宣传等,如果卖方对买方的理解价值过高,定价就会出现失误。

(2)区分价值定价法:指一种产品并不按边际成本的差异制定不同的价格,而其价格差异是针对不同顾客、不同产品式样、不同地点、不同时间区别制定。

3.竞争导向定价法

竞争导向定价法是指对竞争对手的价格保持密切关注,以对手的价格作为自己产品定价的主要依据,经营者可以根据对手的价格制定出高于、低于或相同的价格。

4.明码标价法

明码标价是商业企业进行价格管理、提高服务质量的一种方法,是指经营者收购、销售商品和提供服务时公开标示商品价格、服务价格等有关情况的行为,是向消费者公布商品价格和服务的一种方式。具体有卡片标价、挂牌标价、实物标价等形式,注明商品的品名、产地、等级、规格、型号、单位、价格或者提供服务的项目、收费标准等有关情况。明码标价出售产品使花店保证只出售进货后两天以内的花材,两天后售不出去的都要处理掉。同样,花店内摆放的大型花艺作品也要保证两三天就要更换一次。这在保证了鲜花质量的前提下,每天公布鲜花的进价和零售价并公布价格的计算方式,既让自己和顾客都清楚,也是对顾客的一种服务,节省了大家的时间。实行明码标价后,花店经营者可以避免很多不必要的纠纷。这种计价方法基本与国际接轨。

例如,上海有一家花店,在商品定价方面,做得十分彻底。经营者除了在情人节当天会对商品进行调价之外,其余时候商品的价格全年都一样。这种方法被称作“鲜花价格全年恒定法”。花店老板开花店十几年,也是深受花价善变之累。在最近两年,此花店在经营一段时间后发现,固定客户群占了客户中的绝大多数,他们一年的消费量相当稳定,为此花店老板对鲜花制定一个全年统一价,他先从礼仪性花篮、花束开始尝试,他为每一枝花估算了全年的一个平均价,然后,不同的用花品种、数量、花艺形式,推出了不同档次的礼仪用花商品。在定价上,店老板把价格的最后一个数都改成“8”,图吉利之意。由于花卉商品本身价格弹性大,顾客看这家花店的商品漂亮、档次多样,也不计较单枝花价是否和市面上不同,对这些商品都能欣然接受。由于恒定的价格容易取信于人,一些单位基于财务预算上的透明便利考虑,纷纷在年初与花店签了一年的用花合同。当年夏天,店老板顺势将单枝鲜花的价格也固定了下来。夏季鲜花价格处于最低谷,花店制定的“均价”大大高于市面价,单枝花的营业额下降,但在半年后旺季到来,市场上的花价普遍上升,而这家花店的花价没变,因此销售额则大幅增加。经历了这一轮回，花店牢牢地抓住了顾客的心。过了两年，花店在店面接待上的工作量大大减少，省下的时间，员工们接受了更多的花艺培训。同时，花店的账目管理局面也焕然一新，原先每次进花都要分别记账，现在只要记住进花数量，在年初和年底算一次总账，就可以清楚地看到花店的成本和利润，花店的营业额在两年中持续增长。

(三)定价的策略

定价太高，超过顾客购买的接受力，花卖不出去，容易形成滞销；定价太低，又影响花店的收益。这就需要花店经营者掌握一定的定价策略和技巧。

1.价格折扣

价格折扣是促销的手段之一。当对一种产品制定一个基本价后，通常会对不同的情况酌情修改价格，以各种折扣的手段来刺激用户和中间商，鼓励其购买。

2.新产品定价策略

(1)市场撇油定价法。即在新产品刚上市时，价格定得高些以赚取最大利润。以后随着竞争产品的投入和市场大规模的开发，产品的价格会逐渐降低。

(2)市场渗透定价法。即企业将他的新产品的价格定得相对较低，以吸引大量购买者，提高市场占有率；或者将新产品价格定得低于竞争者的价格，积极促销以控制市场。

(3)产品组合定价法。销售两种以上有相互关系的商品时，可采用组合定价法以谋求整体产品利润最优化。对有互补关系的一组商品，对购买次数少、价值大的，消费者对价格较敏感的商品定价可低一些，而与之配套使用的价值低、购买次数多的商品价格可高一些。对于既可单个卖又可成套卖的商品，单个购买价格高，成套购买价格优惠或赠送小礼品。如新娘花成套出售价格可低一些，以吸引购买。

3.心理定价策略

心理定价策略是指经营者在定价时，利用顾客心理有意识地将产品价格定高些或低些，以扩大销售。心理定价策略主要有以下几种。

(1)声望定价法。声望定价即针对消费者“便宜无好货、价高质必优”的心理，对在消费者心目中享有一定声望，具有较高信誉的产品制定高价。

(2)尾数定价法。尾数定价，也称零头定价或缺额定价，即给产品定一个零头数结尾的非整数价格。大多数消费者在购买产品时，尤其是购买一般的日用消费品时，乐于接受尾数价格。比如，花篮标价 299 元比标价 300 元好销。虽然仅有一元之差，但在消费者的心理上产生了变化：它不但给消费者以准确定价的印象，还给消费者以价格偏低的印象。

(3)分级定价法。即按产品的品种、规格分为几档分别作价。比如，同样是一束 11 朵的玫瑰，按包装材料及插花款式的不同，可定为 299 元、399 元、599 元等三个档次的价格或其他几个档次的价格。

(4)需求定价法。一些商品长年在市场上形成稳定的价格，消费者已十分熟悉和习惯了，这样同类产品的再生产应尽量调整容量、成本，定出人们熟悉的价格，以迎合不同顾客的需求。

(5)合意定价法。即为迎合消费者某种心理状态，引起消费者对美好事物联想的定价方法。如一些地区商品的价格常以“8”作为尾数。

(四)定价的技巧

花店利润的多少，与经营者对自身产品的定价有很大的关系。经营者需要定价的产品为店里出售的各项东西，包括花材、花艺作品、绿植、辅料等。

1.给花器及辅料定价

花器（花瓶、花盆、套盆等）及辅料（花泥、包装纸、彩带、花篮子等）在保存、销售过程中的消耗比较小，定价要趋于稳定，同时它也应是四季有利润的商品。例如，一个花盆如果进价是10元，售价是13元，但它的利润并不是3元，在这3元中应该还含有运输费、人工费、库存费、利税、店租费等。如果这些费用超过3元，或等于3元，那么就可能是亏本或是不盈利，如果这些费用小于3元，那么就有利可图。由此看来，货物销售之前要先算账再定价。再以花盆为例，如果进价10元，各类损耗3元，它的成本就是13元，在13元的基础上应再加上所预期的利润，才是真正的销售价。

2.给鲜切花定价

依据鲜切花的销售形式可以分成花材批发、花材零售和花材加工后销售的三种价格。若花材批发量比较大，在第一次批发的价格之上再加一定的小利就可以出手了，这个小利在小于零售价的基础上花店的经营者衡量制定，主要看批发量的大小。批发量越大，价格越接近第一次批发的价格；批发量越小，越接近零售的价格。

3.给花艺作品定价

以花篮为例，定价的步骤是：第一步，计算辅料的价格，包括插花篮子、花泥、包装纸等；第二步，计算所用花材的成本；第三步，加上人力成本；第四步，加上利润。这就构成了花篮的价格，把这个价格再向上浮动一定的比例做销售上限，花篮价格的范围就确定了。

4.给盆花定价

在给盆花定价时，要考虑其所有的成本，因为盆栽花的销售周期通常较长，占用空间较大，也需要花费时间和精力去养护，这些都应该计算到成本中去。

四、进货成本控制

在经营中节约成本的一个重要渠道就是控制进货的成本。优化进货管理，做到良好的进货成本控制，经营者不能盲目进货，一定要明确需要采购的物品以及每件物品需要的资金，对于花店的长久经营，特别是初期经营是十分重要的。

（一）掌握进货价

花店的经营需要根据市场行情确定进货价，货品的价格基本都由市场决定，而市场往往瞬息万变，在不同的时间段有不同的价格。了解花卉价格的途径有：到花卉批发市场实地了解，在网上勤查信息，订阅花卉行业专业报纸杂志，向资深同行咨询等。

及时了解花卉的价格变动，才能顺利掌握进价，为获取更多的利润打好基础。比如，百合花的价格发生了较大的变化，那么就说明百合花在市场上的供需发生了变化。这个变化不仅会影响产品的进货价格，也会影响产品的销售价格。随着市场的不断变化，花木业已经从卖方市场转到了买方市场，从刚发展起来的初期暴利时代进入现在的微利时代，花卉市场的行情也是一直在变化着的。因此，经营者要密切留意花卉市场的动态和行情，研究花卉进价的起伏定律，这样才能在经营中掌握花卉销售的主动权。

（二）掌握进货周期

进货周期是指花店经营者根据以往的销售经验，计算出来的有一定规律可循的进货周期，也就是指需要多长时间从花卉批发市场购买一定数量的花材。如果这个周期计算不够准确，将会出现花材积压或无花可售的情况，从而给经营者造成损失。所以说掌握进货周期是十分重要的经营环节。如何把握进货周期，需要有力的措施，首先是建立销售账目，在运行半年至一年以后，就可以根据账目掌握进货周期。

(三)掌握进货量

如果不能准确地掌握花卉的进货量，进货周期就如同虚设。进货周期为进货量提供了保证。如果说进货周期是一个基本框架，进货量则是框架里的基本内容。由于花卉品种繁多，花卉保鲜期不一样，因此进货量比进货周期要复杂得多。比如，月季、康乃馨的保鲜期在夏季时为4天，而唐菖蒲、非洲菊只有2天，配叶如蜈蚣草、铁树叶、蓬莱松等则更长一些。即便是月季，因花型、花色不同，保鲜期也会有差别。又如，夏季常温下4天可进月季、康乃馨一次，2天进唐菖蒲、石斛兰一次，配叶可参差进货，在常规的基础上还需随时调整突发事件的出货情况。这就需要经营者掌握一定的花卉知识，同时准确地把握市场供需情况，合理搭配进货量。一定的进货量在鲜花保鲜期内基本销售完毕，可以说这个进货量是比较准确的。在计算准确的情况下，可以降低运输成本，对花店经营者更为重要。

(四)掌握进货方法

控制好花材的进货是低成本经营中非常重要的一环，所以经营者必须熟悉与进货相关的各类信息，减少损耗，以增大营业额。

(1)遵循适量原则。对花店而言，进货太少将满足不了顾客的需求，而进货太多又会造成不必要的浪费。经营者要根据自己的销售能力来制订进货计划，并根据自身的经营情况确定采购花材的档次和种类。

(2)采购花材要勤。花店做的是新鲜花卉的生意，最忌一次性大量进货囤货，而应该是采购花材要勤。要及时了解市场上有哪些新货，哪些花受欢迎等。当然也可以优先掌握花市上的价格变化，根据价格信息来决定采购计划的实施。

(3)淡季要谨慎。花卉销售有淡旺季之分，在淡季社会需求量很少，花卉上市量大，价格相应也非常低，这个时候不可贪图价格便宜而大量进货。相反，要更加谨慎，要考虑花材保鲜问题，采取多次少量的进货方式。

【知识拓展】

创业融资

创业启动资金

创业需要资金启动，创业者可从以下3个方面解决资金启动问题。

(一)银行贷款

银行贷款有很多的学问和技巧，不同银行贷款利率是不一样的，开店前多跑几家银行看看行情，就能够选一个贷款利率相对低、咨询费和理财顾问费等额外收取的费用比较少的银行来贷款。在银行贷款的时候，创业者要精打细算，合理选择贷款期限。从时间上来看，可分为两种：短期贷款和中长期贷款。贷款的期限越长，利率也就越高。当创业者知道了“贷款成本随时间增长而升高”这个铁律后，一定要先拿着自己的创业计划书仔细算算自己到底需要多长时间的贷款，从而合理安排贷款方式。

创业者也要关注利率的走势。如果利率走高，就应尽量抢在加息之前办理贷款，因为这样做可以在本年享受到加息前的利率；如果利率走低，在资金不算紧缺的情况下，创业者可以适当暂缓贷款，等利率降到一个低位时再贷款也不迟。

如果条件允许，创业者可在能力范围之内尽量早贷，提高资金使用效率。在创业过程中，如果因效益提升、货款回笼或淡季经营、压缩投入等原因出现闲置资金，就可以向贷款银行申请变更贷款方式和年限。在变更或偿还贷款时，银行会根据贷款时间和金额据实收取利息，从而减轻创业者的利息负担。

(二)其他贷款

利用其他贷款创业。比如，创业者有购房意向并且手中有一笔足够的购房款时，就可以将这笔购房款“挪用”于创业，然后向银行申请办理住房按揭贷款。住房贷款是商业贷款中利率最低的品种，如某银行五年以内住房贷款利率为6.55%，而三至五年公司贷款利率为7.86%，两者相差1.31个百分点。因此，用住房贷款进行创业，成本更低。如果创业者已有住房，也可以用现房做抵押办理个人创业贷款，当作创业启动资金。

(三)诚信借款

“有借有还，再借不难。”这句话蕴含着一个为人处世的道理，那就是“诚信”。在创业过程中，创业者不仅仅会遇到金钱方面的借贷，也会遇到很多人和事。创业者首先要做的就是讲诚信，给自己营造一个良好的商业气氛。

第七节　花店风险分析

一、气候适应性分析

当地的气候对花卉生产的影响很大，不同的花卉要求的气候条件不同。因此，在花卉生产或花店进货时要了解当地气候条件，例如，菊花、百合、梅花、月季等抗寒力强，一般能耐0 ℃以下的温度，其中一部分种类能忍耐 −20～−10 ℃及以下的低温；而凤梨科类、热带兰类、君子兰、龟背竹、万年青等在生长期间要求高温，不能忍受0 ℃以下的温度，其中一部分种类甚至不能忍受5 ℃左右的温度，在这样的温度下则停止生长甚至死亡。因此，需要充分了解当地的气候条件，在引种品种时要适应当地的气候条件。

二、市场风险分析

(一)市场行情分析

花卉业是一个较高风险的行业，如果没有风险意识，不认真研究市场，不深入了解行情，盲目开花店就会造成难以挽回的经济损失。花卉作为一种商品，必须遵循市场经济的规律，经营品种、地理位置、广告宣传、服务质量等都十分重要，需要在开花店前作深入细致的考察论证。

另外,花木盆栽具有很强的季节性,养护技术要求高等特点。所以,在开店前必须有一定的资金和花卉栽培管理技术作支撑,并随时密切注意花市行情,最大程度降低风险,避免不必要的损失。

(二)投资风险分析

只要是投资,总是会伴随着各种各样的风险,风险是不可避免的,但是,如果准备足够周密,某些风险还是比较容易预见的。投资风险主要有以下几种情况。

1. 政策风险

企业的投资风险首先是政策风险。目前,如果该行业争议地方不多,则政策风险较小,如果行业的争议很大,则政策风险也大。

2. 宏观经济风险

宏观经济风险主要是指经济活动与物价水平波动引发的企业利润损失。

3. 企业经营风险

企业经营风险主要是企业对于投资项目的控制问题和企业的管理能力。在做风险投资时,往往对经营团队的经历看得很重要,因为由此可以判断经营团队有无经营能力。

4. 财务风险

如果企业负债过高,在资金上,是否存在流动资金不足的问题,是否存在不能及时清偿到期债务的问题。有时一个项目运转得非常正常,但可能会突然因为一笔银行欠款不能及时归还,导致整个项目报废。

5. 行业风险

不同的行业有不同的运行周期。刚开始创业要多考虑,要时刻防风险。投资前准备工作的多少,决定着今后风险的大小。

近年来,一些花商盲目追求规模效应,认为经营规模越来越大,投资数万元甚至几十万元开花店,结果效果并不理想。费用太高,成本难以控制,造成营业额不少但利润不多,月底算账入不敷出。开办花店不应单纯强调花店规模的扩大,而应重视花卉产品结构的调整,提高花卉质量和优质服务,不断探索适合自身经营特点的适度规模,努力提高经济效益。

(三)品种多少的分析

不少花卉经营者在确定经营品种时求大而全、多而广,本地产的、外省产的、进口的,鲜切花、盆花、盆景、奇石等都经营。表面上看,令顾客挑选的余地很大,实际上却适得其反,多而杂,没有形成自身的特色优势。在经营品种上,要根据当地的气候条件、地域位置、花卉产量、市场需求等情况,选准适合本地区居民经济收入状况和消费需求的产品,销售不同规格、不同质量标准的花卉,满足不同消费层的需求。

(四)选址分析

开花店挑选地址,要和自身经营的品种、价格、档次、规模联系起来,看适合在哪里开店。在花店选址上,要认真分析当地花店分布情况,可在人口密集的住宅区或医院、学校等地段开店,既方便了市民,也会给花店带来良好的经济效益。如果你经营的品种无特色,服务质量一般,即使开在闹市区,经济效益也不会高。

生产基地的选址,风险评估主要考虑以下几点:一是土壤主要因素如质地、pH、土层深度是否花卉正常生长结果;二是场地的灌溉条件、排水条件如何;三是土地利用是否符合当地政府对土地使用的总体规划；四是租用的土地法定所有权是否明晰、是否存在纠纷，是否有农村土地承包经营权证；五是交通条件是否便利。

【知识拓展】

一、创业项目风险

（一）创业风险的含义

风险的基本含义是损失的不确定性。发生损失的可能性越大，风险越大。当创业机会面临某种损失的可能性时，这种可能性及引起损失的状态称为创业风险。

（二）创业风险的分类

1.按风险来源的主客观性分类

(1)主观风险。在创业阶段，由于创业者的身体与心理素质等主观方面的因素导致创业失败的可能性称主观创业风险。

(2)客观风险。在创业阶段，由于客观因素导致创业失败的可能性，如市场的变动、政策的变化、竞争对手的出现、创业资金缺乏等，称为客观创业风险。

2.按风险影响的范围分类

(1)系统风险。系统风险是源于创业者或创业企业之外的，由某种全局性因素引起的风险，诸如商品市场风险、资本市场风险等，创业者或创业企业无法对其进行控制或施加影响。

(2)非系统风险。源于创业者或创业企业本身的商业活动和财务活动而引发的风险，如团队风险、技术风险和财务风险等。可以通过一定的手段进行预防和分散。

3.按风险的可控程度分类

(1)可控风险。是指在一定程度上可以控制或部分控制的风险，如财务风险等。

(2)不可控风险。是指创业者或创业企业无法左右或控制的风险。

4.按创业的过程分类

(1)机会的识别与评估风险。指在机会识别和评估过程中，由于信息缺失、推理偏误、处理不当等各种主客观因素影响，使创业面临方向选择和决策失误的风险。

(2)团队组建风险。指在团队组建过程中，由于团队成员选择不当或缺少合适的团队成员导致的风险。

(3)确定并获取创业资源风险。指由于存在资源缺口，无法获得所需资源，或获得资源成本较高给创业活动带来的风险。

(4)准备与撰写创业计划风险。指创业计划的准备与撰写过程中各种不确定因素的存在，或制定者自身能力的限制导致的创业风险。

(5)创业企业管理风险。指由于管理方式、企业文化的选取与创建，发展战略的制定、组织、技术、营销等各方面管理中存在的风险。

5.按风险内容的表现形式分类

(1)机会选择风险。指创业者由于选择创业而放弃自己原先所从事的职业，所丧失的潜在晋升或发展机会的风险。

(2)环境风险。指由于创业活动所处的社会、政治、经济、法律环境等变化或由于意外灾害导致创业者或企业蒙受损失的可能性。如战争、国际关系变化或有关国家政权更迭、政策改变，宏观经济环境发生大幅度波动或调整，法律法规的修改，或者创业相关事项得不到政府许可,合作者违反契约等给创业活动带来的风险。

(3)人力资源风险。指由于人的因素对创业活动的开展产生不良影响或偏离经营目标的潜在可能性。创业者自身的素质和能力有限,创业团队成员的知识和技能水平不匹配,管理过程中用人不当,关键员工离职等因素是人力资源风险的主要诱因。

(4)技术风险。指由于技术方面的因素及其变化的不确定性而导致创业失败的可能性。技术成功的不确定性,技术前景、技术寿命的不确定性,技术效果的不确定性,技术成果转化的不确定性等,都会带来技术风险。

(5)市场风险。指由于市场情况的不确定性导致创业者或创业企业损失的可能性。市场供给和需求的变化、市场接受时间的不确定、市场价格变化、市场战略失误等原因会给创业活动带来一定的市场风险。

二、风险承担的能力

随着中国经济持续稳定的发展、投资环境的不断改善,鼓励创业的优惠政策逐渐增多,越来越多有理想有抱负的人走向了创业之路。商场如战场,风险是无处不在的,优胜劣汰的法则是无情的。据统计,全国每年至少有45%的新开张的公司在不到一年的时间就倒闭关门。因此,创业需要理性,需要脚踏实地。

1.计算特定时间段所要承担的风险

从创意到商业构思,再到创业企业的建立,不同阶段的创业风险大小会有所不同。一般来说,随着时间的推移和创业活动的深入,创业者或创业团队面临的风险会逐渐增大。创业者首先要能够根据风险的来源及其对创业活动的影响程度,采用层次分析法等估计出在不同时间段可能要承受的总的风险。

2.计算可用于承担风险的资金

一般来说创业者的年龄和家庭状况会对创业者用于承担风险的资金有所影响。刚毕业的大学生因为很少有创业资金的积累,其用于承担风险的资金较少;同样,家庭比较困难的创业者会更多考虑到家庭基本生活对资金的需求,以及较少的家庭支持等,其用于承担风险的资金一般也会较低。正常情况下,用于承担风险的资金数量和创业者的风险承担能力呈正相关关系。

3.从其他渠道取得收入的能力

从其他渠道取得收入的能力越强,创业失败对创业者的情绪和生活水平的影响就越小,创业者能够用来偿还创业失败所引致的债务的能力也就越强(采用公司制作为企业法律形式的创业活动除外,因为公司制企业是有限责任,只以创业者投入企业的资金为限对公司债务承担责任),其风险承担能力也就越强。因此,从其他渠道取得收入的能力和创业者的风险承担能力也呈正相关关系。

4.危机管理的经验

创业者的危机管理能力会影响创业风险发生时采取的风险抑制措施的效果,从而影响到损失的大小。危机管理能力越强,风险因素导致风险事件发生并进而可能形成风险损失时,创业者就越能及时采取有效的风险防范措施对损失状况进行抑制,避免损失的进一步扩大,减少损失所产生的危害。所以,创业者的危机管理越丰富,其风险承担能力就越强,二者也呈正相关关系。

三、减少风险的对策

创业之初不可贪心大额销售单，创业是一个循序渐进的过程，也是自己终身都要努力的事业。创业之初，有很多事项都准备得不太完善，要做的工作很多，一旦接受了别人的大额销售单，会忽略很多应该注意的事项。

(一)确定企业目标

要想使企业有效地长期发展，就要先确定企业目标。目标作为期望的成果，为企业的决策指明了方向。它是企业计划的重要内容，也是衡量企业实际绩效的标准。企业可根据目标的多重性、层次性、变动性的特点寻求生存和发展。在为资产所有者谋求利润的同时，企业既要保证产品及服务的质量，又要担当起对社会的责任，为长远发展奠定基础。

(二)确定工作目标

企业的长远发展目标要通过各个部门和各环节的生产经营活动去实现。因此，企业要确定每个下属工作单位的目标，以及长期目标和短期目标。工作的目标是在指定时间内要达到的效果，它指明了所要做的工作有哪些，重点又有哪些，以及通过哪些程序来完成任务。目标的管理非常重视上下级之间的充分协商。因此，企业要让职工参与管理，实现管理的民主化，在相互尊重中实现信息交流，把个人目标与组织目标相统一，并有效地监督与控制，减少无效劳动。

(三)将风险控制在最低范围

企业经营是有风险的，但风险与机会是并存的。风险越大，机会可能越多。正因为如此，一个好的理智的企业领导者不应见风险就回避，也不应见风险就冲上前去，而应当在经营活动中尽可能做到预防和降低风险。如果发现在企业运作中存在的风险，就要第一时间采取对策。如果还没有发现企业将面临的风险，或者没有完全发现，建议设立专门组织开展调研，进行风险识别，再进行风险度量，分清风险发生的可能性与风险损失大小，分轻重缓急，分难易程度来采取相应对策。那么，企业应如何防范风险呢？

1. 要增强企业风险防范意识

加强对全体人员的风险知识培训，尤其是企业高管人员的培训。通过培训，使大家了解企业风险是什么，它会对企业有什么样的影响。如果高层管理人员能理解到风险可能会产生的影响，他们肯定会有意识地去防范风险。

2. 要改善企业风险防范工作机制

建立健全风险防范机构，建立健全风险防范制度，细化规章制度，完善操作流程，确保各流程控制点的全面到位。要突出建立风险预警机制，规避事前企业风险。

3. 要建立健全人员治理结构

要合理配置权限、公平分配利益，明确决策、执行和监督责任，并在企业内部形成一种有效的激励、监督和制衡机制。

4. 加强客户的信用管理

企业要建立客户档案，了解客户的资信情况。企业要认真审查与客户之间的各类合同，加强合同履行过程中的控制和监督。

第八节　开花店相关证件的办理

开花店需了解公司注册的流程及需要办理的相关证件。花店需要办理的相关证件是到工商局进行工商注册，办理营业执照。可以根据需要注册个体工商户或公司。

一、税务登记

办理营业执照同时需要在税务部门办理税务登记。目前很多地方实行了“多证合一、一照一码”，也就是工商注册和税务登记一起办理，不需要去多个部门分别办理。工商注册税务登记一般需要租房合同和个人身份证，可提前咨询当地工商部门了解办理流程和需要准备的资料。

二、注册商标

如果想做好自己的品牌，可以考虑注册商标。注册自己的商标可以在全国范围内对自己的品牌进行保护，并增加投资合股的品牌估价。注册商标需要提供营业执照。各地都有商标注册服务公司，也可以选择知名的商标代理网站进行商标注册。有限责任公司相对个体工商户而言注册资金较多，并需要根据店铺每月的实际营收缴纳税款，税务与会计业务相对比较复杂，需要专业会计来完成。

三、公司注册流程

如果创业者想要自己办理注册业务的话，就必须了解一些关于公司注册方面的知识。

第一步，公司核名。首先，要去工商局买一份《企业名称核准登记表》进行填写。其次，要准备全体投资人签署的《商事主体名称预先核准申请表》和《指定代表或者共同委托代理人的证明》，并附指定代表或者共同委托代理人的权限以及授权期限、投资者的资格证明或者自然人的身份证明。再次，准备各项规定要求的其他相关文件。最后，确立公司注册资本、经营范围，询经营范围入口。以上准备工作都完成后，把上述各项文件提交给当地工商局。在工商局终审完毕后，领取《名称预先核准通知书》。

第二步，向工商局递交设立资料。这些资料主要包括公司法定代表签订的《公司设立登记申请表》、董事会签署的《指定代表或者共同委托代理人的证明》、董事会决议、公司章程、任命书、住所使用证明、股东身份证复印件、《企业名称预先核准通知书》等。待工商局审核通过后，可领取营业执照。

第三步，篆刻公司印章。印章主要有公章、财务章、法定代表人印鉴、合同章。需要准备的材料有营业执照副本原件以及复印件、法人和委托人身份证原件以及复印件。在之后的办理程序中，一定要带上公司印章。

第四步，带营业执照副本原件、复印件，企业法人和经办人身份证原件以及复印件，去质量技术监督局办理组织机构代码证。

第五步，办理国税、地税登记。

第六步，去银行开设公司基本户，通常在7～10个工作日内可以完成。创业者需准备企业营业执照副本、组织机构代码证、税务登记证的原件以及复印件、企业主要印章，签订扣税协议。

第七步，公司核税。

以上流程办好之后，创业者就可以专心地开展自己的业务。要注意的是，在开始创业时，应每月按时向税务机关申报纳税。即使没有开展业务不需要缴税，也要进行零报。

案例分析

案例一 一人凑100元凑出一个“多肉团队”

本案例以广西农业职业技术学院2014级园林花卉产销创业型学历班的创业团队在校期间创业故事为例，分析该创业团队获得创业成功的原因，为今后在校大学生创业提供参考依据。案例引自2017年《广西当代生活报》，案例全文如下。

“蓝莲花”多肉创意团队由4名大学生组成，这4人均来自广西农业职业技术学院。由于非常喜欢多肉、绿植，他们便走到了一起。当初，他们一人凑了100元作为创业资金，靠着精致、平价的多肉创意组合，他们的作品开始受到众人喜欢。成员之一的梁媚称，多肉的最大魅力在于能够利用盆器和各品种组合，将爱好发展成事业，是他们意想不到的。当年6月底，4人将面临毕业，他们已经打算继续经营蓝莲花，让更多人了解多肉、绿植的魅力。

靠100元起家，他们将爱好变成了事业

提到当初组成创业团队的原因，4人一致认为是因为爱好。大家学的都是园艺、园林专业，都非常喜欢多肉等绿色植物。加上学校成立了创业班，学校的花艺超市为大家提供了创业基地，去年夏天，他们便一拍即合加入其中。

一开始，他们的团队是7个人，大家一人凑了100元作为创业启动资金，并购买了一批多肉。经过组合和修剪，成品被拿到市面上销售。没想到的是，这些多肉小件很受大家的喜欢，一个晚上，小件多肉基本卖光了。

一转眼到了去年12月，他们开始面临毕业实习找工作。这时候，团队中有3人选择离开，最终留下了4人，他们分别是女成员梁媚，3名男生杨业田、莫泝生、方贵鑫。他们留下的目的很简单，不想出去找工作，想将爱好变为能力，自己做老板。

“趁着年轻就应该大胆地去尝试，不要畏畏缩缩。”成员莫泝生说。当初他将创业的想法告诉家人，家人很反对，而他却选择坚持。莫泝生告诉家人，最起码要给他3年的创业时间，如果试都不试就放弃，这会成为他最大的遗憾。

萌萌哒的多肉也能很精致

既然确定了创业，那应该打造出怎样的产品呢？4人到市场考察了一番。在考察过程中，他们发现，市面上售卖多肉的商家有很多，但多肉产品大部分不够精致，且多以单盆为主，于是他们就想利用自己的专业特长，将各种种类的多肉，借用盆器进行再组合和修剪，打造出创意多肉产品。

“多肉给人的感觉是很萌的，我们的想法是多肉不仅要萌，更要精致。”莫泺生说。他们认为，一盆多肉要经得起观赏，才能体现其价值。不过，纵然走精致路线，但在价格上，他们走平价路线。让大家不需花费太高，就能买到精致的多肉是他们的理念。

记得团队刚成立时，成员方贵鑫打造了第一件多肉组合。该作品的盆器是一个三件套盆，方贵鑫本想将这三件套盆分开放置多肉进行设计，但后来觉得套盆的高低错落说不定更能展现多肉的美，于是他将12种不同种类、大小不一的多肉如情人泪、乙女心等放置在一起，经过精心设计后，整体观感相当的美。方贵鑫本想该件作品取名为“全家福”，但又觉得有些俗气，最终没有命名。该件作品被摆放到学校的花艺超市售卖的当天，就被一个三口之家买下。

对于学生们的作品水平，该校园艺工程系副主任申晓萍称，一开始，她认为4人的作品处于“可以看”的阶段，但随着他们将创意融入作品中，她发现学生们的创作潜力是无限的，打造出来的多肉组合不仅吸引人的眼球，而且充满了美感。

他们要将蓝莲花打造成品牌

在售卖多肉时他们发现，有不少人喜欢私人定制。顾客到了现场自己亲自挑选多肉和盆器，然后交由他们进行设计。团队会根据顾客的要求，对作品进行设计和修改，直到对方满意为止，还可送货上门。在后期护理方面，顾客还可以通过微信等多种渠道和设计者进行交流，而随着他们多肉作品走入市场，4人发现这样的形式受到不少顾客的喜爱。于是他们便想到了要打造属于自己的品牌以及核心竞争力，“我们希望当大家提到蓝莲花时，能够想到我们的多肉作品，是精致且美观的。”梁媚说。

一转眼，蓝莲花团队已经携手走过了大半年，靠着大家的努力，他们还在4月时购买了一辆车作为团队的工作使用。在打造和销售多肉的过程中，他们开始尝试进行多肉的培植。“以前都是从厂家那边直接进货，现在我们也想自己培育，这样更方便我们打造作品。”梁媚说。目前他们已经培植出了一两个品种，并开始准备相关材料，打算注册公司。

【案例分析】

广西农业职业技术学院2014级园林花卉产销创业型学历班的“蓝莲花”团队在校创业期间，在短短的几个月时间就能做到在当地小有名气，并赚到他们人生的第一桶金。他们获得的成功首先与他们热爱花卉的兴趣爱好分不开，更与他们具有扎实的专业基本知识和基本技能有着直接的联系。他们真正做到了把兴趣爱好当作事业来做。

一、花店的基本情况

"蓝莲花"创业团队经营的花店位于广西农业职业技术学院花艺超市内，花艺超市位于校内一个4A级的农业示范园，地理条件优越。尤其是在节假日游客较多，人流量大。由于是学校的实训基地，也是学生创业的基地，对入驻其内创业的学生是免除租金的，因此，团队所出售的花卉价格会低于市场价而吸引更多的顾客。

二、优势与特色

2015年年底多肉市场整体价格走低、销售趋缓，不少人担心今后行情低迷，一度产生恐慌情绪。2016年春节过后，多肉市场逐渐回暖，生产端普遍反映走货速度尚可，但中档和低档产品价格下滑幅度很大；批发端走货量增加，销售额同比变动不大。从2015年年底始，多肉普货降价，如漳州、上海、山东等地。经过前几年的扩张风潮，多肉生产扩张的脚步慢下来，导致进入终端市场销售的产品数量较以往同期多。小额批发数量大幅增加，一方面是往年生意好，春季就被大户包场，而以前大单减少，使小单数量增多；另一方面是网店、花店、多肉精品店等销售者数量增加，小单增多。

在这样的情形下，创业团队想要在市场上占一席之地，必须要有自己的优势与特色，"蓝莲花"创业团队充分利用学校给他们提供的创业平台，不断更新品种结构，注重品相，注重创新创意，走平价精致路线。在短短的时间里，创业团队的作品备受人们喜欢，团队的销售额由每天的几十元逐渐增加到几千元，团队的名声越来越大。

1.走平价精致路线

创业团队使用了常见招数——打折、平价。他们针对不少顾客求便宜的心理，宁可牺牲一点自己的利益，以激起顾客的购买欲望。他们的价格亲民，制作的产品精致，遇到节假日的时候还打折，薄利多销。

2.送货上门

如今人们的生活节奏不断加快，不少顾客喜欢送货上门，不太愿意为了买一个花篮而专门跑一趟花店。针对顾客的这一需要，创业团队实行了电话预约、送货上门的服务措施。这一措施使他们的花店有效地提高了知名度，增加了业务量。

3.展示专业技术

如今的花店花艺水平是越来越高了，这对顾客来说，是很具吸引力的。创业团队就在广西农业职业技术学院花艺超市内制作精美作品，花材种类注重品相，作品注重创新创意，并在店内不定期进行较大型的"花艺、盆景展览"，让进店的顾客，浏览了造型各异的花艺作品后，喜欢他们的作品，并对他们的花艺水平产生信赖，这样生意很容易就成交。同时，他们对外进行专业技术服务，如对顾客进行养花技术指导，帮助顾客防治花卉常见病虫害等，来满足人们对花卉的消费需求，使更多的人爱花养花，从而增加花卉的销售获得更多的利润，并树立了良好形象。

4. 利用网络销售

"网上花店"是符合未来的消费趋势的，就是现阶段，也是一个不错的促销手段。创业团队在网上设立了自己的网页，办起了"网上花店"，利用网络进行销售，不断扩大销售范围，提高销售量，同时提高了团队的知名度。

三、创业分享

以上是广西当代生活报刊登的在校大学生创业的故事，故事的团队成员于2017年7月毕业。至今，这个团队的4名成员终于实现了自己的创业梦想。其中：1名成员在广西花鸟市场拥有了1个门店及1个花卉生产基地；另外2名成员开办了一个园林小景及盆景设计与制作工作室；团队中唯一的女生，在广西南宁市美丽南方创办了一个休闲农庄，成了一位名副其实的女老板，在当地已经小有名气。

案例二 "懂小姐"花店

本案例以河北省沧州市的"懂小姐"花店经营的故事为例，分析像"懂小姐"这样的传统型花店在今后应该如何发展，发展方向是什么。取材自2020年由化学工业出版社出版的《开家赚钱的花店》。案例全文如下：

河北省沧州市的"懂小姐"花店是当地一家经营比较好的传统型花店，它以优质的服务、精美有新意的包装以及适中的价格在顾客中口口相传。花店坐落在一个热闹的十字路口拐角处，是典型的"金角银边"的位置。周边有高档小区，马路宽阔无遮挡，唯一的小问题是十字路口停车不是特别方便，但并不影响生意。懂小姐的店面是两层，一楼分里外间，外屋临街被设计成有大面积的透明玻璃窗，在外边可以一眼望到室内琳琅满目的鲜花；里屋是操作间与工作台，区域划分明显，顾客一般不会进入里屋的操作间。130平方米上下两层楼的临街店铺，租金6万元没有停车位，面对顾客的实际销售面积为40平方米。

"懂小姐"花店的老板并不姓懂，之所以起这么个店名，是老板认为"对于女人来说，懂她比爱她更贴心"，这也是她的经营理念。2015年，花店创立，经营内容以售卖鲜花花礼为主，还做一些专业花艺的培训。老板本身姓马，由餐饮行业起家跨行经营花店，刚开始做花店的时候，马老板并不懂花艺。花店开起来后，她才发现作为花店老板，懂花艺技术是非常重要的。于是她开始从基础一点点地学，不断地去参加培训，去学习，慢慢地成长起来。此外，每年她都要利用经营花店的间隙，出门去外地转一转，学习考察，每年花费在外出考察学习上的费用，平均在3万元以上。她曾不止一次招收过店员，并把店员当作徒弟一样地培养，但每次徒弟学会了技术后，却离她而去。后来，她终于吸取了教训，寻找到一名伙伴帮忙，除给伙伴开工资外，还将店里的利润作为干股分给伙伴，终于将花店稳定了下来。

"懂小姐"的花店定位在中高端，就当地而言，她的一束鲜花并不算便宜，但她仍能够平均一天接到10个左右的订单，一年下来，相当于20万元左右的营业额，这与她的花礼做得别致精美有关，也与她对老顾客的维护有关。可能20万元营业额对于大城市的花店说，实在不能算多，但对于一家三线地级市的花店而言，一年能有20万元的营业额已经相当亮眼了。要知道，当地收入并不高，很多人一年也挣不到两三万元。当我问她对开一家赚钱花店的想法时，她反问我，什么样算赚钱？一年一百万元算不算？我为她算了一笔账，如果按照她店里40平方米的实际使用面积，一年房租6万元，学习费3万元，营业额20万元，那么，真的赚到钱了吗？这个压力是真实存在于她的店中的。我问她，累吗？她跟我说，无数次地想要放弃，真的很累，只是在送花时，看到顾客收到花以后一瞬间的笑，就觉得值得了。

这是一个用心做事，全情投入在花店里的老板，而她的经营项目在沧州本地来说已经算是拓展了：额外有花艺培训的收益。当地很多的店也只不过是单纯的售花而已。市场就那么大，每天买鲜花的顾客是固定的，你的顾客多了，别人的顾客就少了，所以，竞争还是很激烈的。我问她是否考虑过嫁接一些新产品或者项目，增加经营内容，她说暂时没想过。

我认为，经营项目的单一化就是她目前经营的最大问题。如果她能补足这个短板，她的花店应当能做得更好，走得更远，更稳健。沧州的传统花店很多，据了解，每年新开和倒闭的花店在20家左右，一增一减，总量总保持在一个大致的数目内。有的花店开了又倒闭了，甚至没有挺过一年，有的新开的花店咬牙坚持了下来，但附近就会有老花店被追关闭，这说明市场已经饱和了。"懂小姐"的花店算是经营得很不错的。在竞争激烈的沧州花艺市场内，硬是凭着良好的顾客口碑闯出来一条路。但这条路未来却不一定好走，因为顾客的眼光不停地在变化，花艺市场这块蛋糕越来越小，利润越来越少，但房租与人工成本每年却都在增加，没有新的利润增长点，"懂小姐"将何去何从呢？这也是众多传统花店面临的一个严峻的问题与考验。

在我与"懂小姐"的交谈中，我的询问也启发了她。我问她有没有考虑过把里屋与楼上的房间利用起来，如果顾客能有一个鲜花环绕的活动场所也许不错。她恍然大悟：是呀，也许这样不错。但也有前提条件，这需要店铺改造升级，重新装修，而未来3年内店铺所在位置是否拆迁也未可知。可3年的时间，花艺界将有怎样的变化与发展呢？到那时，是否又来得及呢？不过"懂小姐"并不是完全没有规划，她对未来充满信心。未来的"懂小姐"将要拓展事业线，把花艺培训好好地囊括其中，而这家花店也将作为"懂小姐"花艺版图中的一个形象展示出现，不再单单指望靠零售赚钱。"懂小姐"的转型迫在眉睫，已经提上了日程。我对此很是期待。

【案例分析】

一、花店的基本情况

"懂小姐"花店地理位置较优越，服务优质，花艺技术较精湛，是当地一家经营较好的传统型花店，经营内容以售卖鲜花花礼为主，定位在中高端。

二、花店的特点及短板

"懂小姐"花店服务优质，作品精美有新意，店主能不断地去参加培训，去学习以提高花艺水平，除了售卖鲜花花礼外还做一些专业花艺的培训。但"懂小姐"经营鲜花项目是单一的，这也是它目前经营的最大短板，随着花艺市场这块蛋糕越来越小，利润越来越少，它将何去何从呢？这也是众多传统花店面临的一个严峻的问题与考验。

三、传统花店应如何发展

当新型花店、特色花店不断涌出在市场时，像"懂小姐"这样的传统花店应何去何从？答案有两种：要么倒闭转行，要么就要转型。在这个时代，就算你拼命奔跑都有可能仍在原地踏步，何况是故步自封、止步不前？因此，传统花店转型势在必行。

传统花店还有市场吗？就像小卖店一样，不会完全被大超市排挤掉，但是在社区里顾客方便购买的地方，只能勉强维持着生意，难有大的发展。那么传统花店如何转型？向什么方向转型？

如今，花店不应该是只单卖鲜花，还可以售卖其他产品，即跨界经营。因为在跨界生活管理中鲜花是一个不可或缺的元素，是一个自带社交和传播属性的产品，具有无可代替的体验性。因此，花店经营可以解放、开拓思想，去寻找更多、更广的经营方式，可以与以下行业加强合作，进行跨界经营。

(1)与婚庆公司合作。在结婚当天的婚车婚宴等都少不了用花，如婚宴中的花车、迎宾台、路引等。见图 1-15、图 1-16。因此花店可以和婚庆公司合作，做长期生意。

图 1-15 轿车用花

图 1-16 婚宴用花

(2)与地产公司合作。可以联系地产开发商，在他们举办的大型盛大开盘日，在开放样板间的时候会将高档鲜花摆放进去，突出样板房的档次，增加生活气息，给消费者勾勒一副美好的生活场景。因此花店可以和地产开发商长期合作。

(3)与酒店合作。与酒店礼宾部联系，在酒店承接一些重要会议时，摆放鲜花是刚需。

(4)与电视台合作。因为电视台会有很多场景布置，也会有鲜花的刚需。

(5)与中高端的私人会所、美容院、餐饮、咖啡店、高端汽车 4S 店合作。遇见逢年过节，中高端私人会所、美容院、餐饮、咖啡店、高端汽车 4S 店等，要烘托一些气氛出来，会有中高端鲜花的刚需，因此可以考虑与这些企业合作。

(6)与会议营销公司合作。会议营销公司为了营造高端气氛，有鲜花刚需，因此可以与会议营销公司长期合作。

练习思考

1. 花店的经营类型有哪些?
2. 想要开一家高品质的花店应该如何选址?
3. 花店商品的定价技巧有哪些?
4. 鲜花的进货渠道有哪些?
5. 鲜花采购要点有哪些?
6. 影响鲜花采购的因素是什么?
7. 开花店应准备哪些工具与设备?
8. 如何控制进货成本?
9. 开花店有哪些风险?
10. 开花店要办理哪些相关证件?

第二章

蔬菜生产与经营创新创业项目指导与案例分析

知识目标

- 了解我国绿色蔬菜生产现状。
- 了解国家对大学生创业的优惠政策。
- 掌握绿色蔬菜生产的基本知识。
- 了解创业资源的管理。
- 掌握创业计划的内容。

能力目标

- 会分析评估创业项目风险。
- 会撰写蔬菜生产创业计划书。

素质目标

- 具有良好的职业道德和自律、诚信、进取的品质。
- 具有为大众服务的意识和艰苦创业的精神。
- 具有较强的爱岗敬业精神、事业心、责任心和社会责任感。
- 具有较强的沟通与协作、协调与组织能力，良好的团队精神和勇于创新的精神。

第一节 蔬菜生产与经营的知识准备

一、绿色蔬菜生产的基本知识

(一)绿色蔬菜的定义

绿色蔬菜按照绿色食品的概念，是指遵循可持续发展的原则，在产地生态环境良好的前提下，按照特定的质量标准体系生产，并经专门机构认定，允许使用绿色食品标志的无污染的安全、优质、营养类蔬菜的总称。

（二）绿色蔬菜标准

绿色食品需要符合的5个标准：

（1）产品或产品原料地必须符合绿色食品生态环境质量标准。

（2）种植、加工必须符合绿色食品生产操作规程。

（3）产品必须符合绿色食品和卫生标准。

（4）产品外包装必须符合国家食品标签通用标准。

（5）符合绿色食品特定的包装、装潢和标签规定。

（三）绿色蔬菜分类

1. A级绿色蔬菜

除符合以上标准外，需限量使用限定的化学合成生产资料，并积极采用生物方法，保证产品质量符合要求。

2. AA级绿色蔬菜

除符合以上标准外，生产中通过使用有机肥、种植绿肥、作物轮作、生物或物理方法等技术，培肥土壤、控制病虫草害。

使用的肥料以有机肥和生物有机肥为主，黄瓜、番茄等蔬菜为了提高其营养价值和口感，在不同的生长期还特别追施腐熟的黄豆、牛奶等。相关作物采用防虫网覆盖以及沼液灌根等栽培技术，通过物理方法防虫除虫，确保蔬菜的有机品质。

在选择绿色蔬菜时，要注意认清外包装的标签，做到明白享用。

（四）绿色蔬菜认证

1. 认证申请

（1）申请人向中国绿色食品发展中心（以下简称“中心”）及其所在省（自治区、直辖市）绿色食品办公室、绿色食品发展中心（以下简称“省绿办”）领取《绿色食品标志使用申请书》《企业及生产情况调查表》及有关资料，或从中心网站下载。

（2）申请人填写并向所在省绿办递交《绿色食品标志使用申请书》《企业及生产情况调查表》及以下材料：

①保证执行绿色食品标准和规范的声明；

②生产操作规程（种植规程、养殖规程、加工规程）；

③公司对“基地＋农户”的质量控制体系（包括合同、基地图、基地和农户清单、管理制度）；

④产品执行标准；

⑤产品注册商标文本（复印件）；

⑥企业营业执照（复印件）；

⑦企业质量管理手册；

⑧要求提供的其他材料（通过体系认证的，附证书复印件）；

⑨绿色食品认证受理文审。

2. 登记、编号

省绿办收到上述申请材料后，进行登记、编号，5个工作日内完成对申请认证材料的审查工作,并向申请人发出《文审意见通知单》,同时抄送中心认证处。

①申请认证材料不齐全的,要求申请人收到《文审意见通知单》后10个工作日提交补充材料。

②申请认证材料不合格的,通知申请人本生长周期不再受理其申请。

③申请认证材料合格的,执行第3条。

3.绿色食品认证现场检查

现场检查主要为产品抽样。

①省绿办应在《文审意见通知单》中明确现场检查计划,并在计划得到申请人确认后委派2名或2名以上检查员进行现场检查。

②检查员根据《绿色食品检查员工作手册(试行)》和《绿色食品产地环境质量现状调查技术规范(试行)》中规定的有关项目进行逐项检查。每位检查员单独填写现场检查表和检查意见。现场检查和环境质量现状调查工作在5个工作日内完成,完成后5个工作日内向省绿办递交现场检查评估报告和环境质量现状调查报告及有关调查资料。

③现场检查合格,可以安排产品抽样。凡申请人提供了近一年内绿色食品定点产品监测机构出具的产品质量检测报告,并经检查员确认,符合绿色食品产品检测项目和质量要求的,免产品抽样检测。

④现场检查合格,需要抽样检测的产品安排产品抽样:

当时可以抽到适抽产品的,检查员依据《绿色食品产品抽样技术规范》进行产品抽样,并填写《绿色食品产品抽样单》,同时将抽样单抄送中心认证处。特殊产品(如动物性产品等)另行规定。

当时无适抽产品的,检查员与申请人当场确定抽样计划,同时将抽样计划抄送中心认证处。

申请人将样品、产品执行标准、《绿色食品产品抽样单》和检测费寄送绿色食品定点产品监测机构。

4.绿色食品认证环境监测

①绿色食品产地环境质量现状调查由检查员在现场检查时同步完成。

②经调查确认,产地环境质量符合《绿色食品产地环境质量现状调查技术规范》规定的免测条件,免做环境监测。

③根据《绿色食品产地环境质量现状调查技术规范》的有关规定,经调查确认,必要进行环境监测的,省绿办自收到调查报告2个工作日内以书面形式通知绿色食品定点环境监测机构进行环境监测,同时将通知单抄送中心认证处。

④定点环境监测机构收到通知单后,40个工作日内出具环境监测报告,连同填写的《绿色食品环境监测情况表》,直接报送中心认证处,同时抄送省绿办。

5.产品检测

绿色食品定点产品监测机构自收到样品、产品执行标准、《绿色食品产品抽样单》、检测费后,20个工作日内完成检测工作,出具产品检测报告,连同填写的《绿色食品产品检测情况表》,报送中心认证处,同时抄送省绿办。

6.绿色食品认证审核

①省绿办收到检查员现场检查评估报告和环境质量现状调查报告后,3个工作日内签署

审查意见，并将认证申请材料、检查员现场检查评估报告、环境质量现状调查报告及《省绿办绿色食品认证情况表》等材料报送中心认证处。

②中心认证处收到省绿办报送材料、环境监测报告、产品检测报告及申请人直接寄送的《申请绿色食品认证基本情况调查表》后，进行登记、编号，在确认收到最后一份材料后 2 个工作日内下发受理通知书，书面通知申请人，并抄送省绿办。

③中心认证处组织审查人员及有关专家对上述材料进行审核，20 个工作日内做出审核结论。

④审核结论为“有疑问，需现场检查”的，中心认证处在 2 个工作日内完成现场检查计划，书面通知申请人，并抄送省绿办。得到申请人确认后，5 个工作日内派检查员再次进行现场检查。

⑤审核结论为“材料不完整或需要补充说明”的，中心认证处向申请人发送《绿色食品认证审核通知单》，同时抄送省绿办。申请人需在 20 个工作日内将补充材料报送中心认证处，并抄送省绿办。

⑥审核结论为“合格”或“不合格”的，中心认证处将认证材料、认证审核意见报送绿色食品评审委员会。

7. 绿色食品认证评审

①绿色食品评审委员会自收到认证材料、认证处审核意见后 10 个工作日内进行全面评审，并做出认证终审结论。

②认证终审结论分为两种情况：一是认证合格，二是认证不合格。

③结论为“认证合格”，执行第 8 条。

④结论为“认证不合格”，评审委员会秘书处再做出终审结论。

2 个工作日内，将《认证结论通知单》发送申请人，并抄送省绿办。本生产周期不再受理其申请。

8. 绿色食品认证颁证

①中心在 5 个工作日内将办证的有关文件寄送“认证合格”申请人，并抄送省绿办。申请人在 60 个工作日内与中心签订《绿色食品标志商标使用许可合同》。

②中心主任签发证书。

二、反季节蔬菜的相关知识

反季节蔬菜一般包括 3 种生产类型，即夏秋季反季节蔬菜生产、冬春温暖小气候栽培、保温设施栽培。

(一)利用山区立体气候资源进行夏秋季反季节蔬菜生产

利用山区立体气候资源进行夏秋季反季节蔬菜生产。比如，我国的广东北部山区和其他高寒山区，夏、秋季节利用高山区自然凉爽气候资源和昼夜温差大的特点，发展夏秋反季节蔬菜生产。这类菜在 8—10 月份蔬菜淡季上市，效益很好，品种有大白菜、甘蓝、芹菜、花菜、萝卜、胡萝卜、番茄、菜椒、四季豆等。

(二)冬春温暖小气候栽培

在我国有些地区的冬季有充足的光热资源，气候温暖几乎无霜冻出现，是个自然“大温室”,在冬季一样可以种植收获很多种类的蔬菜,当蔬菜成熟时再运往寒冷地区销售。比如粤西的湛江、茂名地区,珠江三角洲,海南等地区。这类菜一般在早春时节上市,主要是瓜豆类和茄果类。

(三)保温设施栽培

保温设施栽培即“大棚菜”,利用保护性、半保护性设施进行反季节栽培。利用玻璃、塑料薄膜或遮阳网等材料覆盖的温室或大棚来调节蔬菜生产的小环境条件。此栽培方式最为人工可控,市场上最常见的也是这类反季节蔬果,常在早春抢早上市或晚秋延后供应,种类更加应有尽有:黄瓜、番茄、茄子、甜椒、四季豆、豇豆、毛豆、木耳菜、空心菜等。反季节蔬菜因与时令菜错开上市时间,因此生产效益都很好。

三、有机蔬菜、绿色蔬菜与无公害蔬菜区别

有机蔬菜在生产过程中不使用化肥、农药、生长调节剂等化学物质,不使用基因工程技术,同时还必须经过独立的有机食品认证机构全过程的质量控制和审查,允许使用有机肥料,主要用于基肥。不用化学农药,而用防虫网或生物农药及其他非化学手段防治病虫害。无公害蔬菜是不用或少用化肥和化学农药,其产品的残留量经测定在国家规定的范围内的称绿色无公害蔬菜。

因此,有机蔬菜与无公害蔬菜有相同的地方,也有不同的地方。有机蔬菜也是无公害蔬菜,而无公害蔬菜就不一定是有机蔬菜。有机蔬菜、绿色蔬菜、无公害蔬菜对比见表 2-1 。

表 2-1 有机蔬菜、绿色蔬菜、无公害蔬菜对比表

蔬菜种类	化学农药	化肥	生长调节剂
有机蔬菜	禁止使用	禁止使用	禁止使用
绿色蔬菜	限制使用	限制使用	限制使用
无公害蔬菜	禁止使用	禁止使用	不限制使用

第二节 绿色蔬菜生产项目分析

一、我国绿色蔬菜生产现状

我国是世界上最大的蔬菜生产国和消费国。多年来,我国蔬菜生产持续稳定发展,种植面积由 1990 年的 0.95 亿亩增加到 2011 年的 2.95 亿亩,产量由 1990 年的 1.95 亿吨增加到 2011 年的 6.79 亿吨。未来 10 年我国人口数量仍处在上升期,随着城乡居民生活水平的不断提高和农村人口向城镇转移加快,商品菜需求量将呈现刚性增长趋势。2010 年,我国人均蔬菜占有量为 370 公斤。据测算,到 2020 年,我国新增人口近 1 亿人,人均蔬菜占有量在现有基础上增加 30 公斤,蔬菜加工品增加 1 000 万吨,届时我国蔬菜总需求量为 58 950 万吨,比 2010 年增加 8 950 万吨。满足消费总需求和新增需求主要通过提高单产和减少损耗解决。供给方

面，通过稳面积、增单产、调结构、降损耗，实现数量充足、品种多样、供应均衡，防止价格大起大落。全国蔬菜播种面积保持基本稳定，单产水平年均提高1个百分点以上，2015年达到2 300公斤/亩，2020年达到2 500公斤/亩以上；蔬菜损耗率年均降低1个百分点以上。其中全国绿色食品产品总量接近9 000万吨，种植面积达到1 000万公顷，约占全国耕地面积的8%。有机食品认证面积已达350多万公顷，产品总量198万吨。

我国虽然有较高产量的绿色蔬菜，但是食品安全问题依然很热门，现在的城市居民都很注重食品安全，也很注重环保，许多市民已出现了到国外购买食品的现象。但是这毕竟不是长久之计。我国是一个农业大国，有丰富以及优质的土地资源，如果利用好城市郊区的土地，对蔬菜的种植做到公开化、科学的种植，并且做到客户亲自种植，采摘，然后购买，那么，食品安全也会淡化甚至消失。

二、绿色蔬菜创业风险的识别

(一)国家政策以及法律法规的风险

在现有《农业法》等法律及其配套法规基础上，出台相关政策，要利用好现有的资源，严格按照国家政策以及法律法规要求，制定与完善蔬菜生产、管理和销售体系，对蔬菜从生产、加工、流通、销售各个环节的生产经营行为进行规范。在员工方面要加强管理，生产和销售符合国家标准的绿色健康蔬菜。

(二)市场风险

在现实市场中，人们对传统技术产品的市场需求是较为稳定的，而新产品对消费者来说是新的，它的市场多是潜在的、待成长的。在这种情况下，创业者就很难先判定市场是否会接受自己推出的某一新产品。另外，新企业生产的产品有不少是高新技术或技术创新产品，由于产品技术本身的前沿性，新企业无法得到相对准确的市场预期，对市场的接受度、产品导入市场的时间、市场的需求量等都难以估测，因而存在较大的风险性。绿色蔬菜对大多数消费者而言就是新产品，绿色蔬菜进入市场充满风险，绿色蔬菜市场的变化会导致市场风险的发生，需要根据市场的变化进行调节。市场风险的防范途径有：市场进入风险的防范及市场营销风险的防范。

1. 市场进入风险的防范

市场进入风险的防范可以从以下两方面进行防范：

(1)进入成本。进入成本主要是新企业在退出时无法收回的费用，一般称为沉没成本，包括处置专用性资产、设备所造成的损失、无形资产的损失以及取得政府许可的费用。这些在新企业退出市场以前是无法预期和弥补的，也是企业在整个生命周期内所无法收回的。

(2)市场进入的定位。由于市场是一个巨大的系统，它是由众多提供各种产品的子市场系统和区域市场系统构成的。因此，任何一个新企业都没有能力进入所有的市场，无法为所有的客户服务，只能根据自己的优势和特长，进入某一细分市场，在其目标市场上确定自己的竞争优势。因此绿色蔬菜生产新企业进行进入区位选择时，既要考虑到竞争者，又要考虑到消费者，做到消费者导向和竞争者导向有机结合。

2. 市场营销风险的防范

(1)树立以市场为导向的整合营销理念。在产品规划、价格制定、销售渠道选择等环节，坚持以市场为导向，从客户的需求出发。

(2)制定合理的价格策略。在确定价格时，对于技术含量比较高的绿色蔬菜而言，新企业应积极主动控制价格。

(三)同行业竞争风险

绿色蔬菜的竞争者，有农户、中小企业以及大企业，需要发扬自己的特色，在有序的竞争中脱颖而出。

(四)银行借款风险

中小企业取得银行借款需付出一定的代价，就是成本，包括应付的利息、生产资料及人工工资等费用。由于国家的原因，这些都是会改变的。首先应增强风险防范意识。其次是建立健全风险管理机制。最后是建立合理的资本结构和筹资方式。

(五)内部风险

(1)操作风险。由于员工在生产过程、基础设施或技术或对运作有影响的类似因素的失误而导致亏损的风险。遇到这样的情况应该在各个方面都下功夫，做到万无一失，要每个员工都掌握自己的技术。避免员工们舞弊，发现有舞弊的情况就要严惩不贷，加重对舞弊员工的惩罚力度，不要给员工们有下次舞弊的机会。

(2)产品风险。在产品无法满足消费者的需求，面对竞争没太好的表现时，会出现滞销的情况。当绿色蔬菜生产企业遇到这种情况时应该发展绿色蔬菜的特色，并且可以把蔬菜低价卖给养殖户以减少损失，还可以把它冷藏起来降低损失。

(3)资金流动性风险。蔬菜卖给其他企业的时候，有可能会面临暂时拿不到钱款的情况，可能会影响生产。事先要准备好充足的资金，在资金实在不够时可以用借贷的方法或集资的办法。

(4)成本控制风险。在产品开发的过程中有可能会前期投入过高，后期收入过少从而导致亏损。这个时候企业要好好地反思，找到对企业不利的原因，进而来调整收益的问题。成本是重要的，所以也要重视成本的问题，要控制好成本。

(5)管理风险。管理者的一个小小的决定就足以让公司扩大，也可以让公司倒闭。所以管理者要了解到公司的发展方向以及目标，从而来做出合理的对公司有利的决定。只有管理者了解得更多才能抓住机遇。

三、创业资源

创业资源就是创业者所需具备的一些创业条件。布里(Alvarez)认为企业创业过程中搜索的财务、人力等物质资源和信息、观点、建议等非物质资源都是创业资源。创业资源是新企业在创业的过程中所投入和利用的各种资源的总和，包括人力资源、物质资源、信息资源、社会化服务体系等有形和无形的资源。

(一)创业人才

绿色蔬菜创业需有创业人才，创业者要有激情、要有拼劲，同时要有一定的风险意识。

(二)创业资本

创业资本包括自筹资金和社会筹资。自筹资金包括自己的储蓄或者向亲属朋友借贷所得资金。社会筹资是通过提供高价值的固定抵押物，向银行等金融机构贷款，或者通过熟人或网络向非正式金融机构借贷。后者比前者利率高，风险更大。

(三)创业机会

创业机会的来源有以下几个方面：技术变革、社会和人口因素的变化、市场需求条件、产业差异等。

1.技术变革

技术变革带来的创业机会，主要源自新的科技突破和社会经济的科技进步，一般来说，技术上的任何变化，或多或少的各种技术的组合，都可能给创业或创业团队带来某种创业机会。

2.社会和人口因素的变化

社会和人口因素的变化同样会创造出创业机会。市场需求是不断变化的，同阶段的社会和人口因素变化会产生相应不同的市场需求。随着当前社会和发展的加快，这种社会和人口因素变化带来的市场需求更加明显。社会和人口因素的变化影响了消费者对产品和服务的需求，而这种需求变化就生成了创业机会。

3.市场需求条件

市场需求条件表现为某个产业里消费者对产品和服务的偏好特性。市场需求条件产生的创业机会，通常主要有新需求、市场供给缺陷、发达国家(或地区)产业转移3种。

4.产业差异

研究发现，创业者生存新企业的能力在不同产业中是有较大差异的。形成这些差异的原因通常可能包括4个方面：产业生产周期、知识条件、产业结构和产业动态性。

按照《21世纪创业》的作者杰夫里·A·第莫斯教授提出的观点，绿色蔬菜符合的商业创业机会的4个特征：第一，绿色蔬菜很能吸引顾客；第二，绿色蔬菜能在目前的商业环境中行得通；第三，绿色蔬菜有机会之窗。机会之窗是指商业想法推广到市场上去所花的时间，若竞争者已经有了同样的思想，并且产品已推向市场，那么机会之窗也就关闭了；第四，有资源(人、财、物、信息、时间)和技能创立业务。

绿色蔬菜可以围绕现代新式创业(“互联网＋”，转型等)所需的创业要点挖掘，技术应用范畴有用户群识别、创想开发、落地路径设计、市场验证执行、模式复制扩张等。

(四)创业管理

(1)要有不同于竞争对手的特点，重要的是在创业之初，要在一定市场中占据主导地位。

(2)一定要保证产品和服务的质量，这是成功的关键。要有最完善的服务，最丰富的存货，最优秀的信誉，要成为你的竞争对手难以抗拒的强者。无论是商品还是一项服务，都是最好的；市场营销也别具一格，大有成效。

(3)必须辛辛苦苦地工作，所有的事都要花费比想象至少多一倍的时间和金钱，但往往只能取得期望中的一半的效果。

(4)做生意之前，要确认自己到底有多少现金和存款。因为你可能会失去它们，再也赚不回来。

(5)必须亲自做市场调查，不能参照别的公司或政府的资料，他们的目标不一定适合你自己的目标。

(6)办公司前，先到某个相关领域去工作一段时间，缩短在这一行业独自摸索的时间。

(7)制订一个切实可行的发展计划，正式的书面计划，可为新创立公司树立一个无价的、积极的发展目标。

(8)尽量把日常工作交由他人来做，把更多时间来发展自己的事业。

(9)经常地听取用户意见。

(10)任何事情都不要独自一人去做，找到合适的合伙人，但必须在合伙之前先写好协议。

(11)一开始就建立专业的管理班子和管理制度，要从"小作坊"变成一个正规的公司。

(12)盯住目标——利润才是最终目的。聘请有经验的人员，选择素质较高的人，尽量到你过去共过事的朋友中去寻找，管理层的人数要尽可能地少。

四、市场调研

(一)蔬菜市场分析

随着中国在世界范围的崛起，经济总体已经跃居到世界第二位，人民群众不再是一味地安享物质的需求，更是物质与精神的双重需要，他们需要的是一种纯天然的精神享受。

蔬菜是人们日常生活中不可替代的副食品。番茄、黄瓜等是维持人体健康所必需的维生素、矿物质和膳食纤维的主要来源。进入 21 世纪，世界蔬菜消费量年均增长 5%以上。按照此增长幅度计算，全世界年均增加蔬菜消费 4 000 多万吨，2015 年总消费量达到 12.8 亿吨。而由于劳动力成本的原因，发达国家蔬菜生产不断萎缩，今后还将减产，这为我国蔬菜发展提供了更广阔的发展空间。

在产业政策方面，近几年来，中央、省、市高度重视农产品加工业的发展，国务院印发了《关于促进农产品加工业发展的意见》(国办发〔2002〕62 号)，提出了加大国家投入、给予相关金融支持、落实税收支持等发展农产品加工业的政策措施。

在税收政策方面，如对国有农口企事业单位从事种植业、养殖业和农林产品初加工业取得的所得暂免征收企业所得税；符合国家产业政策的技术改造项目的农产品加工企业，其项目所需国产设备投资的 40%，可从企业技术改造项目设备购置当年比前一年新增的企业所得税中抵免；为农产品加工业服务的农民专业合作组织从事新技术开发，新技术转让及与相关的技术服务，免征营业税；农业产前、产中、产后提供的技术服务或劳务，免征营业税；对农产品加工出口实行 5%或 13%的退税率；对经批准的重点农业产业化龙头企业实行优惠政策，新建年销售收入 5 000 万元以上的农产品加工龙头企业，经税务机关批准，暂免征企业所得税等。

蔬菜生产企业致力于观光与休闲于一体的绿色蔬菜基地，不仅满足了人们的精神需求而且更好地迎合了当代人的消费趋势。

1. 目标市场

首先，以消费水平为市场细分标准，定位在城市周边的一些中产阶级以及高消费人群，吸引他们驱车来绿色蔬菜观光园区享受真正的纯天然感受。其次，低消费人群以及一些来当地旅游的外地游客和外籍来客也是潜在客户，蔬菜生产企业会提供短暂的自助料理场所进行市场调查。

2. 市场容量

(1)了解当地人口：查找相关资料，调查当地市区人口，人均蔬菜消费是多少，总需求量为多少等问题。

(2)蔬菜种植情况：了解目前当地的蔬菜种植面积、总产量，蔬菜生产企业能给其他地区配送蔬菜量是多少等问题。

(3)绿色蔬菜消费情况:了解绿色蔬菜消费情况是必要的。根据资料显示,我国绿色蔬菜消费的潜在客户为中产阶级以及高消费人群。在陕西省西安市蔬菜种植面积 85 万亩左右,总产量达 258 万吨,而西安市给其他地区配送蔬菜 100 万吨左右,西安市区人口 806.01 万人。在某一绿色蔬菜基地,夏天是观光旅游为主的消费收入,游客接待量 6 万人,每人平均消费 60 元,合计产生消费收入 360 万元。蔬菜产量大概是 40 万公斤,每公斤按 5 元的价格计算,收入 200 万元。冬天以反季节蔬菜为主,主要产品为黄瓜、茄子、辣椒、番茄、豇豆等蔬菜,其中蔬菜产量为 25 万公斤,每公斤按照 10 元的价格计算,收入为 250 万元。观光旅游大概是每人平均 60 元,接待量估计为 3 万人,合计产生消费收入 180 万元。从这个案例的绿色蔬菜消费情况分析,蔬菜配送有很大的发展潜力。

(二)项目的评估

1. 商机的评估

绿色蔬菜生产的商业模式不需要太多的商业化的推进,只要整合绿色蔬菜生产基地、互联网+平台,然后搭建配送机制,以中产阶级以及高消费人群为群体,可以完成很多的商业模式。

2. 项目风险的评估

(1)生产要素风险:生产要素风险主要为蔬菜生长期的水肥管理、逆境环境控制以及病虫害等。避免生产要素风险,一是需采用合理套种保温、遮阴模式,可抗逆境不良环境,科学配套施肥技术,确保蔬菜正常生长;二是及时培训农户绿色蔬菜种植管理,确保病虫草害采用正确方法防治,加强蔬菜监控,严格检测,保证所栽培蔬菜符合绿色蔬菜标准。

(2)价格风险:近几年以来,绿色蔬菜的价格稳中有升,预计将维持当前价格 2～3 年,且优质绿色蔬菜种植投资回收期短,具有较强的抗价格波动风险的能力。

(3)市场风险:由于市场需求较大,价格较好,只要选好品种,确保品质,应该说市场风险极小。为确保稳妥,降低市场风险,建议在发展优质绿色蔬菜种植产业化的过程中,及时建设配套的绿色蔬菜的保鲜,贮藏设施。

五、绿色蔬菜生产管理

(一)厂址选择

绿色蔬菜生产基地的选址应在城市的郊区。要求空气清新、水质纯净、土壤未受污染,具有良好农业生态环境,排水方便、土层深厚、土壤结构疏松,富含有机质、保水、保肥性能好的中性或微酸性砂壤土或壤土,并要求不带任何病害的地块。因此以无污染的地区为首选。

生产选址还要求交通便利,公路网织,四通八达,最好能形成公路、铁路、民航相互交融的大交通格局。这些条件为公司的产品销路提供了方便。

(二)生产流程

绿色蔬菜属绿色食品,绿色食品生产过程控制是绿色食品质量控制的关键环节,绿色食品生产过程标准是绿色食品标准的核心。绿色蔬菜种植业的生产操作规程系指农作物的整地播种、施肥、浇水、喷药及收获和配送等多个环节中必须遵守的规定。主要内容如下:

(1)植保方面。农药的使用在剂量、时间和残留量方面都必须符合《生产绿色食品的农药使用准则》。

(2)作物栽培方面。肥料的使用必须符合《生产绿色食品的肥料使用准则》,有机肥的施用量必须达到保持或增加土壤有机质含量的程度。

(3)品种选育方面。选育尽可能适应当地土壤和气候条件,并对病虫草害有较强的抵抗力的高品质优良品种。

(4)再耕作制度方面。尽可能采用生态学原理,保持物种的多样性,减少化学物质的投入。

(5)运输。利用"送奶路线"与直接运输相结合的方法,主要是公路运输。

(6)流通加工。装箱、裹包、捆扎、称量、贴标签、礼盒包装、质量数量检验等;流通加工流程:需求处理→管理体系→接到通知→作业准备→流通加工→成品验收→是否合格→对点交货。

(7)装卸配送。配送工作流程是:取单→排程→装车→配送→交货验收→收班作业。

(8)信息处理。包括采购作业模块、订单回单管理模块、配送作业模块、数据通信模块等。

(三)配送要求

由于绿色蔬菜生产地处于城市郊区,属于城乡接合部,消费市场有城市也有农村,但主要偏向于城市,所以对于产品的运输,生产企业可有以下要求:

(1)运输。利用"送奶路线"与直接运输相结合的方法,主要是公路运输。

(2)配送周期。从蔬菜供应地到各零售商每天及时配送,并且可随时调配。

(3)工人要求。管理人员具备管理的相关经验,技术人员拥有专业知识,信息管理人员具有较高的软件开发、操作技术、信息管理与维护。

(4)设备要求。设备应有厢式运输车队(租用),叉车(租用),液压车(租用),物流箱(租用),贴标机,条码打印机,条码扫描枪,无线车载 RF 终端,无线手持 RF 终端等。

六、蔬菜生产企业管理体系

蔬菜生产企业性质为有限责任公司,未来的企业应该是绿色的、服务的、高科技的。企业初期拟采取直线制的组织形式,如图 2-1 所示。

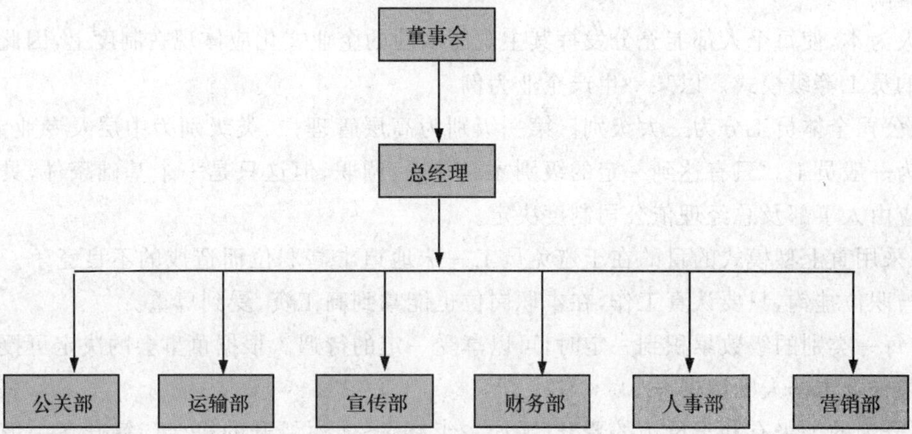

图 2-1 企业初期的组织形式

(一)部门职责

(1)董事会。由公司股东组成,属于决策层。对公司负责,受公司监督,决定公司总体发展战略,指定总经理人选。

(2)总经理。负责公司日常经营事务,对董事会负责,决定各部门经理人选,协调各部门之间的关系。

(3)市场营销经理。负责市场调查,市场分析,决定公司营销战略和营销计划。

(4)财务部经理。负责公司资金筹集、使用、分配,负责日常会计工作与税收管理,定期和不定期地向总经理汇报本年财务情况并规划下年财务工作。

(5)信息部经理。负责产品调配,负责产品售后技术支持,拓展服务的广度与深度。

(6)运输部经理。负责产品的采购、进货、车辆管理,以及运输跟踪,保证准时送达顾客。

(7)流通加工部经理。负责货物的流通加工。

(8)公关部经理。负责树立企业形象,与公众双向交流,提高公司的知晓度和美誉度。

(二)企业管理

1.管理队伍

想要企业能发展必须拥有一支一流管理水平的队伍,他们要精通专业物流知识,并且在市场营销,财务管理,人力资源及各种岗位上具有丰富的经验和先进的管理理念,还有敢于创新的精神。以下企业管理层应具备的能力见表2-2。

表2-2 企业管理层应具备的能力

职位	具备能力
总经理	具有多项目的管理经验,多次筹办小型食品企业
营销部经理	具有很好的沟通能力,策划过多项大型活动,能吃苦
财务经理	具有很好的专业技术知识,核算多笔复杂会计账目,认真严谨
信息部经理	计算机软件工程师,研发过多项新技术
物流部经理	具备专业物流技能,富有责任心

2.薪酬管理

以人为本,使每个人都能充分发挥其主观能动性的企业文化应体现在制度上,因此设计了直上型的员工等级模式。以某一生产企业为例:

(1)公司全体员工分为三大级别。第一级别为高层管理;二类级别为中层及专业人员;三类级别为一般员工。只有达到一定的级别才能升迁、调职,但这只是一个基础条件,具体是否升迁还应由人事部及总经理依公司制度决定。

(2)采用直上型模式的目的在于避免员工一味地追求高职位而造成的不良竞争。员工的基薪不与职位挂钩,只要认真工作,在本职岗位也能拿到高工资、受到尊重。

(3)每一类别的级数累积到一定时,可以享受一定的待遇。根据董事会的决定可授予其终身最高荣誉及更诱人的待遇。

(4)分为的等级有利于员工的晋升,平均一年有2~4次晋升的机会。每升高一级基本工资增加一定数额。具体流程图为:

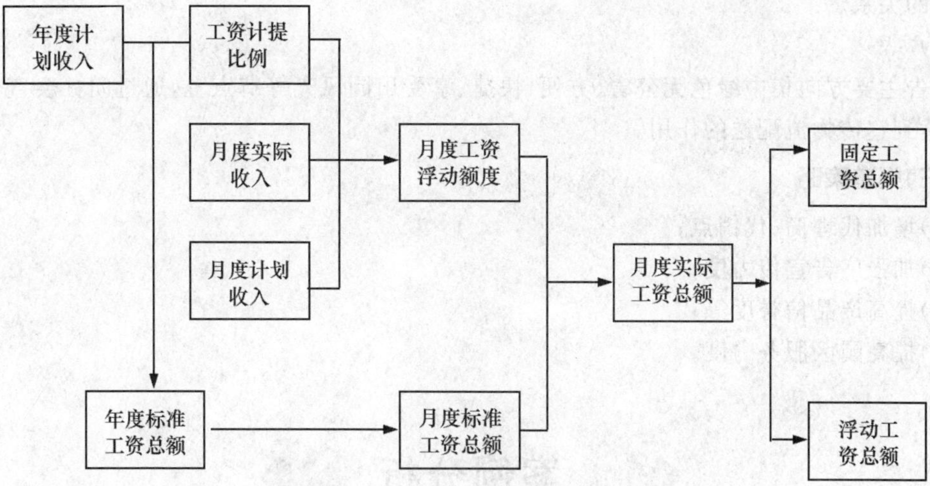

图 2-2　员工薪酬流程图

员工薪酬由 5 部分组成。即基本工资、绩效(50%)、补贴、福利、年终利润分红。如下所示：

薪酬＝基本工资(50%)＋绩效(50%)＋补贴＋福利＋年终利润分红

绩效工资＝基本工资＋绩效分数%

年终利润分红＝年终利润分配×10%

七、市场与销售

(一)促销策略

1.自建销售网络

建立以城市为中心的销售网络，创建信息化平台，客户通过网络可随时查询信息。将城市划分为不同区域，统一由速配中心调配。建立公司网站与客户资源管理库，积极推动公司网络营销的开展。适时开展电子商务，主动与旅游公司建立合作关系。及时收回客户的反馈信息，并根据情况采取相应的措施，保证蔬菜及时进入市场。

2.合作与利用蔬菜配送点

与蔬菜批发商合作，利用他的配送网点，进行蔬菜配送。周年、节假日提供各种名优水果、鲜菇、特色菜、精装礼品菜、精装礼品果等，并长期为宾馆、饭店、机关团体及企事业单位、大中型超市提供果菜配送服务。

3.定制营销

(1)订单销售：发展订单农业，订单旅游，订单生产，订单采购。

(2)配送销售：发展配送营销，建立完善的配送网络体系。

(二)推广策略

1.人员推销

公司推销人员直接与各超市、宾馆、高校食堂及社区服务中心，旅游公司联系推广此服务。推销人员可以兼做一部分市场调研、市场预测工作。人员推销还具有公共关系的性质，通过推销员的工作，在公司与超市、宾馆、高校食堂及社区服务中心，旅游公司之间建立彼此信任、友好合作的关系。

2. 广告

广告主要方向集中绿色无公害、方便、快捷、享受田园风光等特点上，通过向社会宣传市场前景，达到宣传物流配送的作用。

(三)渠道策略

(1)增加代理商、代销点；

(2)加强广告宣传力度；

(3)提高产品信誉度等；

(4)提高园区服务力度。

案例分析

案例

夏秋反季节蔬菜生产经营项目的申报

小朱是湖南农业大学园艺专业毕业的学生，在校时就对蔬菜种植十分感兴趣。毕业实习时在一个大型蔬菜种植基地进行生产管理，他看着所在实习企业蔬菜生产经营得有声有色，就憧憬着将来能成为一名农场主，有属于自己的种植农场，想创业是来自他心底的声音。

小朱的家乡是贵州省纳雍县新房乡长沟村，地处山区是个贫困村，是国家精准扶贫村。小朱经过大学期间的在校学习，深刻了解自己家乡虽然贫困，但却有着气候及地理条件得天独厚的优势，特别适合进行夏秋反季节蔬菜生产。春节返乡听亲友们讲，本村按照国家扶贫政策，安排有农业科技服务的科技特派员，指导当地的农业生产，并且可与本村村民联合进行创业项目申报，并且政府还有很多政策扶持。小朱听到这样的信息，心里乐开了花，心想自己创业最担心的资金和技术方面的问题，终于有解决的方法。他暗下决心，一定要把本村打造成夏秋反季节蔬菜种植示范性基地，带领村民脱贫致富。

像小朱的这种情况，如何进行创业项目申报呢？以小朱的蔬菜生产经营项目申报书为例，为创业者撰写创业计划书提供参考。小朱创业项目申报时间为2015年，主要内容如下：

一、创业项目的可行性分析

(一)创业项目区自然资源条件分析

该创业项目区自然条件好，地处海拔1 300～1 700米，年平均温度13.2～13.9℃，7月均温22.3℃，年降水量800～1 700毫米，年日照时数1 494.5小时，光、热、雨量同季，夏秋期间独特的温凉生态气候非常宜于喜凉蔬菜和喜温果菜越夏秋延时反季节生产。项目区地处滇东高原向黔中山原过渡的乌蒙山脉，境内峰峦重叠，沟壑纵横。示范基地以山间坝子地为主，水源充足，具有天然的隔离条件，自然生态优越，蔬菜病虫害发生轻微。工业化、城市化程度低，农业生产环境受工业、城市和农药污染极少，土壤和灌溉水中有害物质含量低。无公害生产的环境具有优势，符合夏秋反季节蔬菜产地环境条件的耕地面积。

(二)技术来源、成熟度、可靠性和关键技术分析

该项目的主要技术来源于贵州省园艺所1998年以来研究的贵州夏、秋反季节无公害蔬菜相关技术研究成果。如贵州夏秋反季节无公害蔬菜规划布局；贵州夏秋反季节无公害蔬菜生产技术；贵州夏秋反季节无公害生产技术规程和产品质量标准；研制的夏秋反季节无公害蔬菜智能专家系统；夏秋反季节蔬菜全年高效栽培技术模式；夏秋反季节蔬菜的高产栽培技术；病虫害田间消长规律和防治技术等。不仅该项目的科技特派员完全掌握此项技术，蔬菜生产合作社主要成员也充分熟悉此技术。

(三)项目实施内外部条件分析

1.申报单位现有生产条件分析

项目所在村具有零散种植户，可以组建蔬菜专业合作社。选举产生了理事会、监事会和会长。项目实施前蔬菜种植面积合计发展500～600亩，品种由原来仅有的几个发展到现在的50余个，其中特色进口的蔬菜品种有美国甜椒、美人椒、朝天椒、牛角形尖椒、二金条线椒、树椒、苦瓜、丝瓜、微型番茄等。合作社蔬菜基地已跨出村界、乡界，甚至在大方县和水城县南开镇都建立了基地，已成为纳雍蔬菜产业的领头军和蔬菜生产的典范。

2.项目实施主要人员分析

项目实施主要人员的情况具体见下表。

姓名	职务(职称)	主要负责项目的工作内容
李某某	会长(科技特派员)	项目负责人
朱某某	副会长	基地负责人
黄某	高级农艺师(科技特派员)	技术负责人
吴某某	科技特派员	基地负责人
田某某		技术负责人

3.项目实施的支持单位

项目实施将得到省农科院园艺所、某某县科技局、农业局、扶贫办等相关单位的大力支持。

4.水、电、气基本能源情况分析

项目区实现了水电路三通，人畜饮水、烟水工程覆盖了整个项目区。

(四)创业项目实施的意义

蔬菜是人民生活的必需品，是“菜篮子”建设的重要内容之一。近年来，农业部将蔬菜产业排在种植业第二位，仅次于粮食。我国东南沿海及内陆的成都、武汉、长沙、重庆等城市，港澳及东南亚地区，人口众多，对蔬菜的消费量极大。由于这些地区夏秋季节气温高，湿度大，沿海台风危害严重，喜凉蔬菜及延晚果菜在当地栽培十分困难，病虫害严重，栽培中用药多，农药残留量易超标，严重损害消费者的健康。即使栽培，成本也高。因此，实施本项目对这些地区夏秋淡季无公害蔬菜的供应具有重大意义。

贵州省在实施西部大开发的宏伟战略中，退耕还林、生态建设的任务十分艰巨。充分利用贵州的喀斯特山区立体气候优势，在确保粮食生产的前提下，发展夏秋反季节无公害蔬菜，增加农民收入，保证退耕还林的实施具有重大意义。

二、市场预测与分析

1.同类产品的市场调查与分析

(1)我国蔬菜出口量逐年增加,出口潜力很大　蔬菜是技术和劳动复合密集型产业,我国劳动力便宜,生产成本低。劳动力价格是发达国家的1/6～1/20,产品价格是发达国家的1/5～1/8,很多国家放弃蔬菜种植而从我国进口蔬菜。近年来,蔬菜产业成为我国农业经济发展的一个重要增长点。出口增长保持良好稳中增长态势。

(2)国内夏秋反季节无公害蔬菜需求空间广阔　目前,国内蔬菜生产总量供大于求,但在季节性和品种供给上还有很大的空间。季节缺口表现突出的是夏秋季成都、重庆和华南地区、沿海地区,南宁、桂林、柳州、深圳、广州、厦门、福州等热区。仅以贵州及贵州邻近的泸州、重庆、成都、长沙、南宁等热区市场来测算,消费夏秋淡季蔬菜人口约6 000万人,以每人每天消费0.3公斤,夏秋淡季约100天计算,就需夏秋淡菜180万吨。据调查,每天进入重庆市盘溪蔬菜批发市场的蔬菜需求量达500～800吨。深圳市蔬菜消费人口700多万人,商品蔬菜总需求量约83万吨,每年需调进58万吨左右,才能满足市场需求。而香港蔬菜消费人口约1 000万人,年消费量120万吨,全部需向外调进,市场需求更大。

(3)贵州夏秋反季节无公害蔬菜需求量大　根据《中国食物与营养发展纲要》(2001—2010年规划)的要求,2010年贵州蔬菜需求量为600万吨,生产安全保障目标为1 120万吨;按此标准,贵州在2015年蔬菜需求量为620万吨,生产安全保障目标为1 150万吨,其中夏秋反季节蔬菜需求量260万吨。除此之外,该项目建成还可满足"西电东送"重点项目纳雍火电一厂和纳雍火电二厂两个4×300兆瓦大型火电厂,以及纳雍多个百万吨级大型煤矿等企业和县城消费需要。

2.本项目产品市场预测及开拓方案

项目区有着较好基础设施条件,公路网络四通八达,交通运输瓶颈业已打破,具有南下北上,东运西调相对便捷的运销条件,距离重庆、湖南、广东、广西地区等大中城市消费市场较近。合作社已与广州、海口、长沙、成都、重庆、贵阳等地蔬菜批发市场订立了蔬菜批发摊位,建立了稳定的蔬菜产品销售关系,在不出现大的市场波动的情况下,有不错的市场风险承受能力,产品销售比较顺畅。加之利用科技特派员的自身资源优势,加大拓展其他省外市场的力度,实现多渠道的销售,降低市场风险。

3.项目风险预测及采取的措施

虽然项目区夏秋反季节无公害蔬菜产量高、品质优,可填补东南沿海、港、澳等热区城市淡季市场。但实践经验证明,蔬菜受市场价格影响,会出现波动周期,直接导致效益的升高或下降,如采取有效措施可以规避或降低风险。一是充分利用互联网,加强市场调研,进行分析预测,提前防范,快速应对;二是加强新技术研究与应用,降低生产成本;三是加强高温预冷保鲜库和产地批发市场建设,迅速打开东南沿海、港、澳等热区市场。协会或企业在经营盈利中提取一定比例的风险基金,在价格下滑时实行保护价收购,确保菜农利益。

三、经济效益预测

1. 生产规模(或设计生产能力)

项目将建立夏秋反季节无公害蔬菜示范基地1 000亩，将来辐射种植3 000亩。

2. 预计经济效益

通过项目的实施，可实现年总产值230万元，总纯收入180万元。项目区农户均可增纯收入1 818元，人均可增纯收入近467元。同时还可带动“三产”的发展。蔬菜冷库、包装运输及蔬菜批发市场等又可提供多个就业岗位。降低了蔬菜生产的市场风险，带动夏秋反季节无公害蔬菜产业快速健康发展。

单位：万元

时间	年产值	年利润
2017年10月试产期	230	50
2018年10月投产期	690	70
年月达产期		

四、技术可行性分析

1. 项目开发的关键技术及解决办法

该项目充分利用贵州省园艺所成熟的夏秋反季节无公害蔬菜栽培技术；同时引进部分国内外优良蔬菜品种，在项目区进行优质高产高效的栽培技术示范，辐射带动生产出优质无公害蔬菜产品。除经无公害蔬菜检测合格，在本地批发市场销售的产品外，还可进行包装和预冷处理，形成外销型蔬菜产品销往省外。

2. 主要技术工艺路线

夏秋反季节无公害蔬菜栽培技术工艺流程见图2-3。

3. 主要技术经济指标

(1)2017年建夏秋反季节无公害蔬菜生产示范基地1 000亩。

(2)2018年辐射带动种植夏秋反季节无公害蔬菜3 000亩。

(3)2017年创产值230万元。实现合作社增收50万元。

(4)2018年创产值690万元。实现合作社增收70万元。

五、资源及原材料分析

根据实际情况对资源及原材料进行分析，分析其年需求量(吨)、来源及稳定情况，填写下表(具体内容略)。

分类	名称	年需求量(吨)	来源	稳定情况

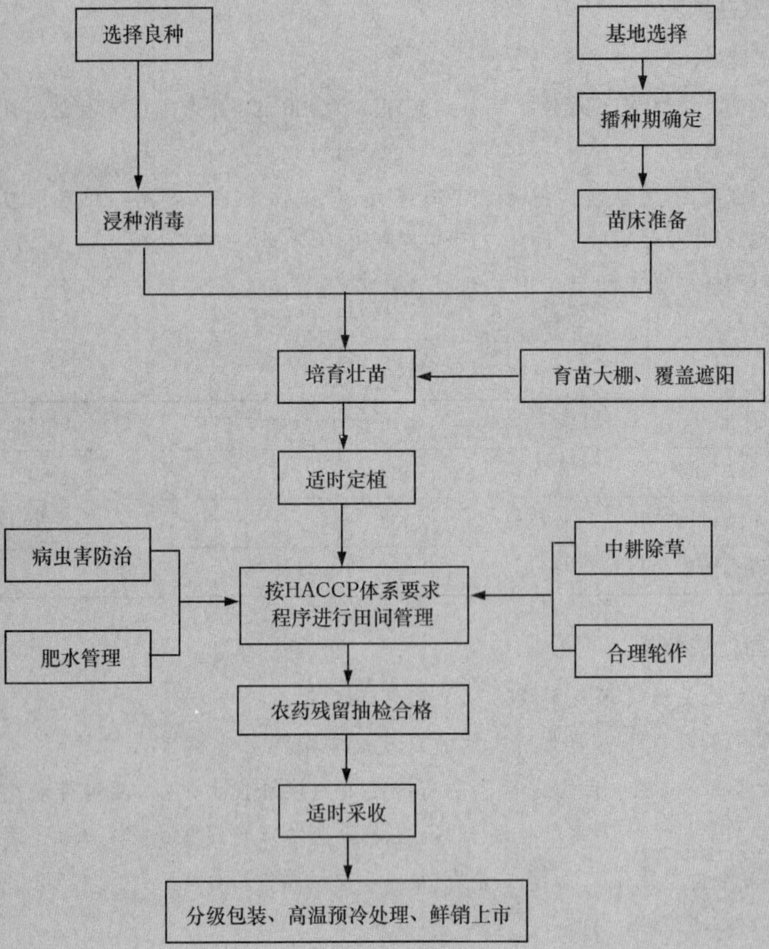

图 2-3 夏秋反季节无公害蔬菜栽培技术工艺流程

六、生产可行性分析

1. 项目实施地点

某某县某某2个乡。

2. 申报单位基本情况

现有人员构成		资产构成(万元)		上年效益情况(万元)	
企业总人数	1 956(社员)	固定资产原值	213.5	主要产品	蔬菜
技术人员	30	固定资产净值	104.5	年销售收入	1 591.34
管理人员	12	年折旧基金		年税金	
工人		自有流动资金		年利润	
其他人员	1 914(社员)	上年负债情况		年创节汇(万美元)	

七、项目资金概算及资金筹措

1. 项目资金概算

单位:万元

项目内容	年度	金额	备注
土建费	2017	10	土地租赁
设备费	2017	8	种植、农膜等物资
技术转让费	2017	6	新品种引进、试验
设备安装费			
技术培训费	2017	5	技术培训
咨询费			
不可预见费	2017	1	
合计		30	

2. 项目资金筹措

单位:万元

年度	总投资	申请科技特派员专项资金	银行贷款	大学生创业资金	自筹	备注
2017	30	10	15	5		

八、社会、生态效益分析

1. 社会效益(含新增就业人数)

通过项目的实施,可实现年总产值230万元,总纯收入180万元。项目区农户均可增纯收入1 818元,人均可增纯收入近467元。同时还可带动"三产"的发展。蔬菜冷库、包装运输及蔬菜批发市场等又可提供多个就业岗位。降低了蔬菜生产市场风险,带动夏秋反季节无公害蔬菜产业快速健康发展。

2. 项目和技术的示范及推广意义

项目实施实现了农业增效,农民增收,促进了农村经济的发展和结构调整的优化升级,使山区农村众多剩余劳动力转移到集约化的蔬菜种植上来,提高了村民生活水平,利于社会的和谐发展,促进了社会主义新农村建设。

3. 劳动就业及人员培训计划

年度	培训人数	培训内容	培训对象	培训时间
2017	500	夏秋反季节蔬菜种植全套技术	全体社员及种植农户	全年
2018	500	夏秋反季节蔬菜种植全套技术	全体社员及种植农户	全年
合计	1 000			

4. 项目的生态效益

蔬菜生产是集约化程度相当高的产业。项目的实施,集中了大量农村劳动力从事夏秋反季节蔬菜商品生产,达到农业增效、农民增收的目的,从而保证国家"退耕还林"生态建设任务的完成。项目实施过程中,大量施用腐熟农家肥,并进行沼肥综合利用,改善土壤结构,提高土壤熟化程度,培肥地力,平衡配方施肥措施,使蔬菜生产步入循环经济模式,实现良性发展。配套水利基础设施建设又进一步平整了土地,减轻了水土流失,保证土壤能排能灌,提高土壤产出率。

5. 项目污染源及处理措施

项目实施大力推广无公害标准化生产技术,大力推广农业防治、物理防治和生物防治技术,少施或不施化学农药,严格控制化肥用量,保护环境,促进生产可持续发展。

6. 项目实施进度安排

时间工作内容

2017 年 3—6 月蔬菜育苗移栽

2017 年 9—11 月蔬菜采收销售

2018 年 3—6 月蔬菜育苗移栽

2018 年 9—11 月蔬菜采收销售

九、项目验收时间

项目验收时间是 2018 年 11 月

十、其他说明

略

十一、项目申报单位情况

(1)申报单位所有制性质:略

(2)法人代表:(签章)略

(3)申报单位开户银行:略

(4)开户银行帐号:略

十二、有关部门对本项目申报的审查意见

1. 项目申报单位所在地科技局(科技特派员办公室)意见

该项目能够促进我县产业结构调整步伐,实现农业增效,农民增收。同意推荐上报

负责人签名:单位公章

年　月　日

2. 项目所在市、州(地)科技局审查意见:

负责人签名:单位公章

年　月　日

十三、申报单位通信地址(略)

(1)申报单位地址：

(2)邮政编码：

(3)电话号码：

(4)传真：

(5)联系人：

练习思考

1. 绿色蔬菜的定义是什么？有哪些特点？
2. 阐述绿色蔬菜生产的过程。
3. 阐述绿色蔬菜经营模式。
4. 如何构建绿色蔬菜网络销售平台？
5. 如何保证反季节蔬菜的安全性？

第三章

水果生产与经营创新创业项目指导与案例分析

知识目标

- 了解水果市场调查的方法和内容。
- 掌握生产水果创业计划的内容。

能力目标

- 学会分析评估水果创业项目风险。
- 学会撰写种植水果创业计划书。

素质目标

- 具有良好的职业道德和自律、诚信、进取的品质。
- 具有为大众服务的意识和艰苦创业的精神。
- 具有较强的爱岗敬业精神、事业心、责任心和社会责任感。
- 具有较强的沟通与协作、协调与组织能力，良好的团队精神和勇于创新精神。
- 具有踏实肯干的工作作风。

第一节　水果生产现状与市场需求分析

一、水果市场调查

(1)果园周边城市批发价调查。到当地较大果品批发市场果品批发商访问调查，调查主要内容是：水果(如沃柑、火龙果等)批发价格、每天批发数量，每个城市调查批发商 6～8 个。

(2)周边城市零售价格调查。到多个当地销售水果较多的超市及多个农贸市场了解水果零售价格。

(3)主产地出园批发价调查。到当地水果主产地了解主产水果出园批发价情况,如广西目前或今后几年内沃柑主要产地是南宁市武鸣区,要了解沃柑出园批发价情况可在该产区实地访问 8～10 个已经挂果投产的沃柑园园主。

(4)电商超市价格调查。互联网沃柑零售价格调查,调研的网站有天猫超市、京东、1 号会员店、苏宁易购超市、淘宝网。例如,"1 号店"网上超市调查的路径为:进入"1 号会员店"主页→"商品分类"→"生鲜"类商品→"水果"类→"柑/橘"→"国产"。

(5)特大城市批发价调查。全国主要大城市农产品中心批发市场如北京新发地农产品中心批发市场、上海农产品中心批发市场、广州白云山农产品综合批发市场、武汉农产品中心批发市场、沈阳市果品中心批发市场、硕远果品城、银达利水果批发市场等进行批发价调查。

上述调查的时间均应在采收季节进行。以沃柑为例,沃柑成熟采收季节为每年 2 月,有条件的进行 2～3 次调查,每次调查间隔时间 10～12 天,以获取普遍性真实性强的价格信息。

二、水果销售

产业化规模化生产的果品因产量大,通常将采下的果品运输到农产品批发市场,以批发销售为主,极少采取零售的销售方式,但可在淘宝网、京东网、天猫网、1 号会员店等电商平台网售部分精选优质果品,也可以和快递公司及当地或周边城市电商销售平台合作,供应优质果品给合作的电子商务营销公司、从事微信营销的"微商"销售,通过网购、团购让消费者足不出户,轻点鼠标便可购买到。例如,广西南宁市武鸣区瑞禾园火龙果种植合作社合作电商"六人果园"在淘宝网店"金都 1 号 2.5 千克包邮"价格为 45 元;另一合作电商"小吉娃"在淘宝网店"金都 1 号 3.0 千克 6 个礼盒装包邮"价格为 85 元。电商收购单果在 400 克以上的火龙果出园批发价为 13 元/千克,瑞禾园火龙果种植合作社 2015 年全年供电商销售火龙果 1.5 万千克,销售收入 19.5 万元。

如果条件许可,可通过"互联网＋"技术让项目生产的果品实现从"田间"到"餐桌"的全程透明化。在果树树干和果实上同时贴上二维码,两个二维码信息能相互认证,消费者通过手机扫描二维码,能清楚地查阅到这个果实的生产商、产地生产环境、树龄、肥料施用、病虫防治、采摘日期、用户评价等主要信息,建立身份识别和食品安全追溯系统。有了质量问题,可以追溯,让消费者放心食用。这将有利于确定产品的较高价位。例如,在重庆日报曾刊登过这样一则消息:为防止假冒,并提升果品品质,2020 年梁平区首次给合兴等乡镇的 3 000 亩柚树和该树结出的柚子贴上了"电子身份证"二维码。柚子进入市场后,消费者只需扫一扫,就可查到该柚子产自哪个村,哪棵树,施了什么肥,打了哪些药等信息。据龙滩村天农八部农业公司销售负责人介绍,今年,他们生产的 2 万吨柚子已被预定了 5 000 多吨,每个柚子的平均售价在 20 元左右。带有生产信息的柚子,每箱(6 个)售价 128 元到 298 元不等。"电子身份证"的二维码见图 3-1。

图 3-1　“电子身份证”二维码的柑橘果品(引自华龙网—重庆日报)

第二节　水果生产的知识准备

不同的水果生产栽培技术不同，下面以沃柑和火龙果两种发展前景较大的水果为例，介绍水果生产需要必备的知识与技能。

一、沃柑生产的基本知识

(一)选地与灌溉

1. 选地

沃柑适宜在地下水位低于 1.0 米的园地种植，土层深厚肥沃疏松、排灌良好的缓坡地。红壤及沙壤土更佳。要求灌溉水源必须充足。

2. 灌溉

规模化种植的果园如缺少地上灌溉水源，则需建设水井抽取地下水作灌溉水。果园采用喷雾水带进行灌溉，一般面积为 15～20 公顷需要建设 1 个出水量约 50 吨/小时的深水井。如使用滴管灌溉的，面积为 30～35 公顷要建设深水井 1 个。

(二)种植

1. 优质种苗的选择

规模化种植沃柑，选购的苗木必须来源于信誉良好的苗木生产者，也可到长势良好的沃柑丰产园采购接穗自育苗木，砧木应是香橙、红橘或枳。用于定植的苗木长出的新梢要老熟，长度有 20 厘米以上为好。如果因苗木缺乏而需要购买规格还未合适的小苗，也要保证种性，可先把小苗移植到育苗袋用肥沃的营养土栽植，集中管理，供应充足的肥水，做好病虫害防治，使苗木生长健壮，在新梢充分老熟后再采用根系带土团的方式定植。

2. 定植

建园时使用挖掘机或深犁机械对全园地面进行全面掘挖或犁翻，掘挖或犁翻深度 0.8～1.0 米，平整园地和清除杂物后，按确定的株行距标定果苗栽植点，适宜的株行距(2.2～

3.0)米×(3.0～3.5)米，每667平方米种植63～100株，每个栽植点施放土杂肥和畜禽粪肥混合物20～25千克或精制商品生物有机肥10～15千克、钙镁磷肥1.0千克作基肥，土壤和肥料混合均匀后制成高出地面约20厘米、直径约80厘米圆形定植盘。12月至翌年3月定植，裸根苗在定植前用杀菌剂"嘧菌酯"25%悬浮剂1 500倍或"多菌灵"50%可湿性粉剂600倍稀释液浸泡根系2～3小时，再用浓度适宜的黄泥浆浆根保护根系。定植后苗木要浇足定根水，树盘覆盖地膜，保湿保温防草。

(三)肥水供给

定植后第1～2年的沃柑幼树每年根际土壤施肥4～5次，间隔约50天施肥1次，每次施用优质的硫酸钾型复合肥(氮:磷:钾=15%:15%:15%)0.2千克/株和尿素0.1千克/株，促进枝叶生长，培养和扩大树冠。其中，在每年10—11月施用商品有机肥10.0千克/株或堆沤腐熟的花生麸饼肥1.0～1.5千克/株、钙镁磷肥1.0～1.5千克/株作基肥。施肥前用田园管理机械或人工在每行果树两侧近树冠滴水线处各挖一条深度35～40厘米、宽度40～50厘米基肥沟，施入基肥后肥土混匀填平施肥沟。

进入结果期后的沃柑3月开花，果实成熟采收期主要在翌年2月。果实挂树时间长，花果消耗营养量大。定植第3年起果树进入挂果投产期，每667平方米种植100株的基肥量为精制有机肥2 000千克、腐熟的花生麸饼肥200千克、磷肥200千克、优质的硫酸钾型复合肥50千克；追肥每次施尿素40千克、硫酸钾50千克。第1次追肥和基肥一起施肥，第2次在3月上中旬的初花期施肥，第3次在果实直径约1厘米时施肥，第4次在7月下旬放秋梢前7～10天施肥，花果量大或树势较弱的植株追肥时每株加施优质的硫酸钾型复合肥0.5～1.0千克。基肥和追肥均采用挖条状沟施肥，施肥后如果天气干旱则灌溉淋水促进肥料的分解和吸收。

种植面积20×667平方米以上的果园提倡建设滴灌系统，实施水肥一体化管理，提高肥料利用率和施肥工作效率，降低土壤追肥工作强度及劳动成本。如果沃柑果园利用滴灌系统实施水肥一体化管理，每年除了基肥进行土壤施肥外，2月采果结束后至12月下旬每间隔10天滴灌追肥1次。化肥使用全水溶解性复合肥，如常见的通用型水溶性肥料（N-P-K＝20%-10%-20%或 N-P-K＝17%-9%-34%或 30%-10%-10% N-P-K-Ca-Mg ＝17-5-17-3-1)，每667平方米滴灌2～3千克，化肥溶液中加入富含氨基酸或腐殖酸的水溶肥，供应充足的全面营养，使叶片叶色浓绿、枝条生长健壮。滴灌的肥液总浓度控制在0.5%以下，每15×667平方米每次的滴灌肥水量40～50立方米，每行果树铺2条滴管，每次滴灌时间约5小时。

进行病虫害防治喷药液时，每次均在农药溶液中加入磷酸二氢钾(浓度为0.3%)叶面追肥，结果枝现蕾露白时和盛花期各喷1次0.2%硫酸锌＋0.2%硼砂＋0.2%磷酸二氢钾混合溶液，果树叶片出现缺镁、缺锌、缺铁等缺素症状时，可配制硫酸镁、硫酸锌、硫酸亚铁等溶液连续进行叶面追肥2～3次，补充树体所需的微量元素。

(四)整形修剪

沃柑可培养为3～4个主枝的自然圆头树形，每1个主枝培养副主枝2～4个，主枝分生处距离嫁接口20～30厘米，主枝分生角度40°～45°。

1.短剪

定植后第1～2年，生长第1批新梢起，每批新梢中生长健壮的枝梢均在其生长长度约30

厘米时摘心或短截，使其生长健壮并促发分枝，培养主枝和副主枝等骨干枝，增加枝条数量，扩大树冠，但第2年的秋梢除徒长枝外的其他新梢均不摘心不短截，同时抹除过于细弱的新梢，为第3年开花结果投产做准备。

第3年起进入挂果投产期后每年树冠整形修剪以保证树冠透光通风良好为原则，因枝叶过密导致树冠内部或下部光照不良的，则在6月下旬或2月采果结束时疏剪树冠外围及顶部直径约2厘米大枝2～4枝，每年给树冠开“窗口”2～4个，利于树冠透光通风，修剪时优先疏除弱枝和病虫为害枝条。

2. 回缩

果量过多的树冠在夏季6—7月可疏剪部分挂果枝条，选留部分无果的健壮枝条作营养枝，翌年1—2月果实成熟时结合采果回缩树冠下部离地面过近的下垂枝条。弱枝要短截更新，提高其开花结果能力，回缩修剪的各树冠行间交叉枝，使行间各树冠之间有0.8～1.0米的空间，使行间光照条件良好。

3. 环割

第3年起，每年8月对生长势过旺的枝组和大枝在其中下部光滑部位环割2圈，抑制其营养生长势。

4. 绑缚固定

高产的植株需要紧靠其主干竖立1根长度高于树冠高度的木桩，木桩下端打入土壤约30厘米深度，用绳索把木桩与果树主干绑缚固定在一起，秋季时用尼龙绳将因挂果而下垂贴近地面的结果枝组吊起，尼龙绳一端绑在木桩上部，另一端则吊起下垂过度的结果枝组，使其高离地面。

(五)疏果限产

如果沃柑当年挂果过大、产量过高的会出现翌年少花果的现象，因此，若要使结果期的沃柑连年持续丰产，要注意适当控制各个植株每年载果量。在每年6月第2次生理落果结束后挂果量大的植株要适当疏果，单个结果母枝挂果数控制在1～3果，多余的幼果要疏掉。定植第3年即挂果投产第一年每株总挂果量100～120果为宜(单株产量能达15～20千克/株)，定植第4年单株总挂果量180～200果为宜(单株产量能达25～30千克/株)。利于确保翌年的产量，也能防止当年植株挂果量过多会使果实偏小。

(六)病虫害防治

沃柑目前主要的病害有溃疡病、煤烟病、镁元素缺乏症，害虫主要有红蜘蛛、锈壁虱、潜叶蛾、蚜虫、小绿象虫、黑刺粉虱、蚧壳虫等害虫。未结果幼树园和结果树园在2月中旬均需清洁园地，清扫和收集落叶、落果及剪下的枝条，集中后浇上汽油烧毁；对全园地面和果树喷石硫合剂45%结晶粉150倍溶液2次，间隔10～12天喷1次，预防红蜘蛛、蚧壳虫、溃疡病等病虫害。3～12月要注意观察果树，发现病虫害要及时使用农药防治。防治病虫害使用的农药，每种农药每年使用次数最好不超过3次，减少病虫产生抗药性。如防治红蜘蛛、锈壁虱就可交替选用氟虫脲、华光霉素、阿维菌素、苯丁锡、乙螨唑；防治潜叶蛾可交替选用除虫脲、啶虫脒、吡虫啉、灭幼脲等；防治溃疡病可交替选用氢氧化铜、农用硫酸链霉素、噻枯唑、络氨铜、金核霉素、植物激活蛋白。12月下旬至翌年2月上旬采果期因气温冷凉，病虫害较少不必喷农药，减少果实农药残留量。

二、火龙果生产的基本技能

(一)适地建园

要建设丰产优质的火龙果园需要气候适合。果园所在地冬季气温不能长时间低于 8 ℃,空气质量好,交通方便,阳光充足,灌溉和排水方便,低地下水位,坡度小于 10°更好,如果在坡度大的坡地建园最好建成梯地。火龙果不耐寒,低于 5 ℃会发生寒害,生长结果适宜温度 25～35 ℃,温度低于 10 ℃和高于 35 ℃进入休眠状态;火龙果喜光,光照良好才利于枝蔓生长健壮、生长大果、果皮着色好、果实品质好,光照低于 3 000 勒克斯时火龙果枝蔓徒长细弱、颜色淡,花果少;火龙果根系浅生,园地耕作层厚度约 30 厘米即可,但土壤 pH 低于 6.0 或高于 7.5、土壤板结、黏重和积水均不利于其根系生长;火龙果虽耐旱但干旱过度会导致其休眠,影响开花结果。因此果园要有保障其生长结果所需的水份供应才能获取丰产优质的果品。

(二)选种自花授粉的品种

目前,种植火龙果应以种植台湾地区培育的自花授粉红肉品种“大红”及其品系(如“京都 1 号”等)为主,白肉品种少种,需要人工授粉的品种不种。也可引种黄皮白肉的品种,但黄皮白肉种从开花到果实成熟需要时间至少 100 天,种植年总产量和经济效益相对低。

(三)翻松园地,施足基肥

不管是平地还是坡地建设火龙果园,均提倡使用挖掘机等机械对全园或种植行犁翻,耕翻速度快质量好,掘挖或犁翻深度约 50 厘米。按每 666.7 平方米施入有机肥 1 500～2 000 公斤、磷肥 100 公斤作基肥,撒施于园地后用拖拉机犁耙,平整土地,清除杂物,按确定的种植行距作畦、标定栽植点。如果不是全园撒施基肥的,定植幼苗时,每株苗的定植穴施入腐熟有机肥约 10 公斤和钙镁磷肥 0.5 公斤,肥料和土壤混匀后回填。为保证生产的果品安全卫生,果园禁止施用利用城市生活垃圾做原料的有机肥等重金属含量通常超标的有机肥作基肥,提倡选用经中国绿色食品发展中心核准许可使用绿色生产资料标志的有机肥料。

(四)立柱搭架

火龙果是藤蔓类植物,种植须立柱或搭架,种苗前须立好支柱或搭好架。目前,立柱种植主要是使用水泥柱,搭架栽培可使用“A”字形架,不提倡使用棚架,因棚架需耗材多成本高。

1. 立柱栽培

使用的水泥柱规格 10 厘米×10 厘米×(190～200)厘米,浇铸水泥柱时在中间置径粗≥8 毫米的钢筋,在水泥柱距离上端约 5 厘米处预留两个对穿孔,供后期用径粗 1.2～1.5 厘米、长约 60 厘米的钢筋穿过后形成十字架,在十字架上固定放置一个废弃摩托车轮胎或用水泥浆浇铸成的支撑圈,支撑火龙果枝蔓。水泥柱植入土中 50～60 厘米,水泥柱在地上高度 140～150 厘米,埋放地下部分的周围用石头或水泥浆固定,并夯实水泥柱周边的泥土。种苗时在每根水泥柱的四个侧面距柱 20～25 厘米各种植 1 株果苗。如使用水泥浆浇铸成的支撑圈,其制作方法是:支撑圈边框 5 厘米×5 厘米,直径为 60 厘米、中间为十字架,内部用径粗≥6 毫米的钢筋焊接,中部预留 12 毫米的圆孔,浇铸水泥柱时使其内部的钢筋外露出顶端约 10 厘米,供套入固定水泥支撑圈。

2."A"字形架栽培

使用外径为21.3毫米或26.8毫米镀锌管等金属管作"A"字形架的支柱，每距离5.0米立一个"A"字形架，架的两条边柱长2.0米、埋入土层30厘米，两边柱在土里的末端各用一火砖垫撑，防止"A"字形架下陷。架子的横梁距地面1.2米，架子顶部距地面约1.7米，架子3根管交接处穿孔后用螺钉旋紧固定，3根管交接处拉线搭架，搭架横线选用外径5.55毫米或4.50毫米的铝包钢心铝绞线。此种架式种植火龙果架面整齐美观、枝条分布均匀，但成本比竖立水泥柱栽培的高。"A"字形架栽培的果园每株幼苗都需要插立1根竹子引蔓上架顶。

(五)选择壮苗，精细种植

火龙果园的行距2.5～3.0米，立柱栽培果园的行内株距2.0～2.5米，搭"A"字形架栽培的株距为1.0米。目前，栽培红肉种类火龙果比白肉种类品质好、售价高，生产效益更好，因此商品化生产应以红肉类品种为主。无论种苗是扦插苗还是嫁接苗，定植的种苗规格要求至少达到三级苗的标准即苗高≥40厘米，新梢长度≥15厘米，生长健壮，无病虫害，侧根数量≥10条；种植一级苗或二级苗更好，二级苗的标准是苗高≥60厘米，其中新梢长度≥40厘米，生长健壮，无病虫害，侧根数量≥30条。使用水泥柱立柱栽培的，在种植前要在水泥柱的四面距离水泥柱20厘米处挖一个深、宽各20～30厘米的定植穴，每穴植1株果苗。"A"字形架栽培的，每穴只种植1苗。火龙果幼苗种植深度3～5厘米即可，深植不利于根系的生长发育，根系更不能直接接触肥料，否则烧根伤苗。植苗后淋足定根水，植后10天内保持根际土壤湿润，植苗15～20天后可追肥。

(六)土肥水管理

1.覆盖地面，定期中耕培土

火龙果根系浅生，根际土壤疏松肥沃才有利于获取高产优质果品。园地全年要求各树盘内无杂草生长，为防止杂草争夺肥水，提倡以植株为中心半径为0.5米的范围内覆盖地膜。每年5月上旬、8月上旬和11月下旬结合施有机肥时对树盘中耕松土培土，松土深度约15厘米，暴露在地面的根系要培土覆盖。生产经费充足的果园可选用黑色的园地抑草布全年覆盖地面，保温、保水、抑草，防止土壤板结或流失，使根际土壤疏松透气，利于根系的生长发达。地面生草栽培的果园除立柱为中心、半径0.5米的树盘外，其他地面可长草，但草的高度要控制在30厘米以下，过高的草类要使用机动割草机割草。

2.供足肥水，多施有机肥

定植的火龙果苗发芽后，可在苗高约10厘米时，按1.0～1.5公斤/株淋施0.2%～0.3%尿素加0.1%硫酸钾混合液等水肥，每10～12天施肥1次，整个生长季连续追肥不断。种植第一年除了前述水肥外需进行土壤施肥4～5次，每次施尿素和三元复合肥各0.1公斤/株，冬季挖深20～30厘米施肥沟施精制商品生物有机肥2～3公斤/株(或腐熟的花生麸肥0.5公斤/株)和磷肥0.1公斤/株，增强植株抗寒能力。定植2年后，因挂果的火龙果花果批次多，单批次果实生长期短，需肥量大，果品要丰产优质必须肥水充足，且多施有机肥，每年5月上旬、8月上旬、10月下旬各施有机肥1次，每次施精制有机肥3～5公斤/株(或腐熟的花生饼麸肥0.5公斤/株)和三元复合肥0.2～0.3公斤/株，10月施肥时另加磷肥0.1公斤/株，利于提高火龙果的产量和品质及冬季抗寒性。灌溉水充足的果园要求全年保持果树根际土壤湿润但忌积水,果园禁止使用工业废水和生活污水作灌溉水源。规模化种植的生产基地,如缺少地上灌溉水源的,则需建设水井抽取地下水作灌溉水。

种植面积≥2 公顷以上的火龙果园提倡建设滴灌系统,实施水肥一体化管理,提高肥料利用率和施肥工作效率,降低土壤追肥工作强度及劳动成本。如果火龙果园利用滴灌系统实施水肥一体化管理,4 月至 11 月下旬每间隔 5～6 天滴灌追肥 1 次,化肥使用全水溶解性复合肥(N-P-K＝20%-10%-20%或 N-P-K＝17%-9%-34%或 30%-10%-10% N-P-K- Ca-Mg ＝17-5-17-3-1),每 667 平方米滴灌 2～3 公斤,化肥溶液中加入富含氨基酸或腐殖酸的水溶肥,滴灌的肥液总浓度控制在 0.5%以下,每公顷每次的滴灌肥水量约 50 立方米,每行果树铺两条滴管的每次滴灌工作时间约 5 小时。每次滴完肥水后继续滴清水 15～20 分钟,冲洗滴管道和滴头内残留的肥料,防止滴头堵塞。地面盖地膜或抑草布的果园,滴灌水管应铺在抑草布或地膜下面。

(七)整形修剪

1. 幼树整形,枝蔓分布均匀

每株幼苗只保留一个主茎,侧枝全剪除。立柱种植的将其用布条或无纺布条每间隔 25～30 厘米绑扎到水泥柱侧面,等到主茎长到伸出圆盘 40～50 厘米时回缩修剪约 20 厘米,刺激剪口以下的枝段萌发多个分枝,从中选择 3～4 个健壮的分枝作结果枝,结果枝按均匀的间距绑扎在柱顶的轮胎或水泥圆盘上,使其延长下垂生长开花结果。"A"字形架栽培定植的幼苗每株也只留一个主茎,需立 1 根竹子并用绳子绑缚主茎使其直立延长生长上到架顶,主茎长到高出架顶约 40 厘米后短截促发分枝,只选留 2 个健壮分枝培养为一级骨干枝,该两个骨干枝生长长度约 50 厘米时回缩修剪 20 厘米,促发分枝,从中选择健壮分枝 3～4 个培养为结果枝。一级骨干枝用尼龙绳或小麻绳绑缚固定在"A"字形架顶的横线,培养的结果枝均匀摆放在架面的两侧。

2. 结果树合理修剪,适量留枝

立柱栽培 3 年后的火龙果植株,每株培养 9～10 个健壮的枝条作结果枝。每根下垂的枝条末端距地面高度要求有 60～70 厘米,过长的枝条收果后适当短截,提高枝条末端高度。11—12 月最后一批果采收结束时进行修剪,疏剪衰老枝、弱枝、病虫为害枝和枝条过密处的部分枝条,回缩修剪过长枝条,提高枝条末端高度。春季长出的新芽,去弱留壮,每一个基枝只选留壮芽 1～2 个培养作结果枝。生长衰退的枝条在靠近轮胎或水泥圆盘处短截,促发健壮新枝培养新的结果枝。

(八)花果管理

1. 控制花果量,提高单果重

每批花蕾萌发后长至直径约 3 厘米时疏蕾,每条结果枝选留 2～3 个花蕾,同一结果枝的两个花蕾相距最好在 30 厘米以上。当幼果横径长约 4 厘米时疏果,每枝只留 1～2 个发育饱满、颜色鲜绿、果形正、无损伤的幼果。每 1 柱的 4 个植株每批果留 8～10 个,搭架种植的每株留果 3～4 个,集中养分,满足果实充分长大所需的养分。花谢约 5 天用剪刀剪除已干枯的花瓣,增强果实的美观度。

2. 套袋护果，规范采收

火龙果套袋能护果，防止鸟害、鼠害和虫害。使用纸质果袋还能减少果品农药残留量。火龙果花凋谢后 8～10 天套袋，使用 24 厘米×32 厘米的白色专用纸质果袋或无纺布果袋。果实成熟采果时才摘袋。火龙果生长期短，花谢后 28～30 天果实由绿转红，花后 35～40 天果实可成熟采收。已成熟的果实如采收过迟则果实易裂，果皮颜色变暗黑。采果必须用采果剪，禁止直接用手摘拉，轻拿轻放，避免剪伤、刺伤、摔伤等机械伤。采收的果实按大小分级，按等级分类装入包装箱，按等级定价销售，优质优价。

(九)防寒防冻

近年来，桂南地区的南宁、崇左等地冬季常发生连续多日的低温雨水天气。12 月至翌年 2 月为防止火龙果植株受冻害，可以每 1 水泥柱为单位用塑料膜自树顶向下覆盖植株；搭架栽培的可以每一种植行为单位搭建高于树顶的简易小拱棚，冬春季期间用塑料棚膜将每行植株全封闭覆盖，防止冻害。

(十)主要病虫害防治

1. 主要病害防治

火龙果常见病害有茎腐病、疮痂病、炭疽病、枯萎病。每年 12 月至翌年 2 月结合冬季修剪剪除并集中病枝，浇淋汽油焚烧。全园地面和植株用 45%石硫合剂结晶粉的水溶液或 29%石硫合剂水剂稀释液均匀喷洒，溶液浓度为 130～150 倍，每隔 7～10 天喷 1 次，连喷 2 次。防病及防介壳虫、红蜘蛛效果好。

茎腐病感染枝蔓，病部组织变褐色，病斑处凹陷，软化溃烂，病情严重的病枝只剩维管束。

疮痂病通常发生在老熟枝蔓，枝蔓表面出现砖红色或铁锈状病斑，病斑木栓化并稍为突起。

炭疽病主要为害花和果，发病的花和果表面出现稍为凹陷的褐色或黑色病斑。花果病重则腐烂。

枯萎病在枝条的顶部最初发病，然后向下蔓延，枝条失水退绿变黄萎蔫，逐渐干枯，病重时整株枯死。

上述病害发病初期需轮换喷多菌灵 25%可湿性粉剂 400 倍液、噻菌铜 20%悬浮液 600 倍液、福美双 50%悬浮液 600 倍液、代森锰锌 80%可湿性粉剂 800 倍液等保护。

2. 主要害虫防治

火龙果常见害虫有蜗牛、蚂蚁、果实蝇、蓟马、红蜘蛛、褐圆蚧等。蜗牛为害枝蔓、花和果实，受害部位呈凹坑状，影响火龙果生长，可喷雾盐水使蜗牛落到地上，放鸡或鸭吃蜗牛，每 667 平方米用 6%四聚乙醛颗粒剂 500～600 克加细沙土拌匀，撒于地面诱杀蜗牛。

果实蝇在果面产卵，幼虫蛀入果实为害，受害果实变黄脱落或腐烂。防治方法是在果园按每 667 平方米安放 5～6 个内放性诱剂的诱捕器诱杀成虫。果实生长期用烟碱 10%乳油 1 000 倍液、鱼藤酮 2.5%乳油 1 000 倍液、除虫菊素 3%乳油 1 000 倍液等低毒植物性杀虫剂防治，收集受害果实浇淋汽油焚烧。

蓟马刺吸幼果，受害部位硬化，出现黄褐条斑，果实生长不良。

蚂蚁群集在火龙果嫩枝、花和果实取食危害，受害部位呈凹陷状，发育不良。

蓟马和蚂蚁化学防治方法参照果实蝇化学防治方法。发生红蜘蛛、褐圆蚧、斜纹夜蛾等虫害时可选择适宜的低毒复配杀虫剂如"百部·楝·烟"1.1%乳油 600～800 倍稀释液喷雾防治。果园使用诱虫灯和悬挂黄色粘虫板也能有效减少害虫数量。生产中同种农药不能连续使用多次,防止病虫产生抗药性。

种植火龙果需供给充足的肥水满足果树生长结果需要,生产出果形正、外观靓丽、风味好的果品。还必须保证生产的果品质量符合卫生安全的要求,不危害食用者的身体健康。生产的肥料和灌溉水需符合安全卫生条件,病虫防治选用的化学农药应选择安全间隔期 7～10 天的低毒农药。如果农资的原因导致生产的果品出现质量和安全问题,除了危害消费者身体健康之外,也将降低广西火龙果在全国市场的竞争力,使种植者蒙受经济损失,危害火龙果产业的整体效益。

第三节　水果生产创业项目风险分析评估

创业投资本身就是一项风险很大的投资行为,应该大大增强创业者的风险意识,使其具备很强的风险观念。这样在创业过程中就会有意识的注意防范风险。水果生产创业项目风险有以下几项内容。

一、气候和土壤适应性分析

了解水果生产所需气候和土壤条件,从而分析出气候和土壤因子在将要进行创业的水果生产项目中潜在的风险。以沃柑生产为例。沃柑产业化生产种植要求年平均气温 17.5 ℃以上,冬季最低气温不低于 －1 ℃,土壤 pH 为 5.0～6.5。例如,南宁市武鸣区沃柑"第一园"所在地属于南亚热带季风气候,光热充足,雨量充沛,夏季炎热多雨,春秋季易旱,冬季温暖少雨。年平均气温为 21.7 ℃,最热的 7 月份平均气温为 28.6 ℃,极端最高气温为 40.7 ℃;最冷的 1 月份平均气温为 12.8 ℃,极端最低气温为－0.8 ℃,年降水量为 1 100～1 700 毫米。园土为红壤,土质疏松,pH 5.5～6.0。园地及周边环境的水质及空气质量良好,无污染源存在的隐患。

再以火龙果生产为例。火龙果喜高温不耐寒,生长结果适宜温度 25～35 ℃,温度低于 10 ℃ 和高于 35 ℃进入休眠状态,低于 5 ℃会发生寒害,20 ℃以上花芽正常萌发,因此商品化种植地区要求冬季气温不能长时间低于 8 ℃。火龙果喜光,良好光照条件利于火龙果枝蔓生长健壮、生长大果、果皮着色好、果实品质好,一般要求光照强度 8 000～12 000 勒克斯。光照低于 3 000 勒克斯时枝蔓徒长细弱、颜色变淡,少花少果。高温和过强光照会使枝蔓和果实灼伤。火龙果对土壤适应性强,但通透性良好、排水性好、有机质丰富的土壤最佳,因火龙果根浅,园地耕作层厚度 20～30 厘米即可,土壤 pH 6.0～7.5 为宜,土壤板结、黏重和积水均不利于火龙果根系生长。火龙果极耐旱,但过度干旱会导致火龙果休眠,影响开花结果。

从以上两种水果对气候和土壤适应性的分析得知,不同的地区选择水果生产项目应该不同,不同的水果对气候和土壤适应性不同,在生产时要充分考虑。

二、果园地和电力使用评估

拟用作果园的土地使用风险评估主要考虑以下几点：

一是，土壤主要因素如质地、pH、土层深度是否适宜柑橘正常生长结果；

二是，正常年份雨季时节园地是否经常发生水灾或积水，如果积水能否在短时间内顺畅排水；

三是，是否存在发生滑波及泥石流等自然灾害的隐患；

四是，冬季严寒时是否易发生霜冻等寒害；

五是，土地利用是否符合当地政府对土地使用的总体规划；

六是，租用的土地法定所有权是否明晰，是否存在纠纷，是否有农村土地承包经营权证(指农村土地承包人对其依法承包的土地享有占有、使用、收益和一定处分的权利)。

另外，果园生产必须有正常生产用电。果园生产用电必须到果园所在地乡镇的供电所或供电站等供电管理部门报装，审批后才能安装供电设施设备，严禁私自安装变压器、架设生产用电线路。当前个别地区行政管理部门为了保护当地特色的农作物如甘蔗、木薯等产业，确保当地税收，严格控制用于发展果树的土地，可能对用于果园生产的用电安装申请以种种理由不给予审批。

三、果品品质分析

对水果果品品质进行分析，是创业前需要考虑的因素之一。在当地条件下，生产出的水果的产量是否高，品质是否佳，可从果形、糖度、风味等方面进行分析。下面以沃柑和火龙果为例说明果品品质是如何分析的。

(一)以沃柑为例

在广西南宁市武鸣区生产的沃柑具有较大果型、高糖度柑橘品种，适于鲜食，易剥皮，食用方便。成熟果实扁圆形，单果重 110～230 g，大多数果实单果重为 160～200 g；果形指数 0.75～0.77，种子 10～23 粒/果；果皮包着紧但容易与囊瓣剥离，果皮厚度 0.30 cm；成熟果实的果面呈橙红色，果皮光滑，油胞细密；果实可食率平均为 73.0%，果汁率 59.56%；果肉橙红色，汁胞小而短，囊壁薄，果肉细嫩化渣，汁多味甜，酸甜可口，风味浓郁，品质优良，深受消费者喜爱。1 月下旬果实的可溶性固形物含量为 14.0%，3 月下旬挂留树上果实可溶性固形物含量为 15.9%。

(二)以火龙果为例

在广西南宁市武鸣区生产的火龙果果实硕大，果形美观，果皮鲜红，果肉紫红色或白色，鲜食果肉，风味独特，肉质细滑，甜而不腻；果肉维生素含量高且低糖、低脂肪，含有丰富的 Mg、Ca、Zn、Fe、Cu 等矿物质元素及膳食纤维和蛋白质，红肉和紫肉类火龙果的果肉还具有丰富的花青素，具有一定的药用价值和保健功能。火龙果单果重 100～1 000 g，大多数果实为 350～500 g，成熟果实的果肉有白色、红肉，细软多汁，可溶性固形物含量 12%～16%，可食率为 60%～80%。

因此，通过果品品质分析可知，若在广西南宁市武鸣区创建沃柑生产基地或火龙果生产基地是可行的。由于果品的品质好，在价格上能获得高价，市场销售的风险会减少，反之，市场销售风险会增大。

四、产量和产值分析

水果生产产量和产值直接影响着创业者经济收益。下面以沃柑和火龙果园为例分析两种水果种植的产量和产值。

1. 沃柑产量和产值分析

沃柑早结性和丰产性极好。枳砧嫁接苗，每年四季肥水供应充足，定植后第 3 年挂果投产。根据武鸣沃柑"第一园"定植第 3 年投产情况的调查可知，沃柑定植第 3 年挂果投产植株树冠高度平均值为 2.0 米，最矮的为 1.6 米，最高的为 2.6 米；树冠直径平均值为 2.0 米×2.2 米，最大植株冠径为 2.9 米×3.0 米，最小植株冠径为 1.6 米×1.9 米。大多数果树产量为 25～30 千克/株，高产的植株挂果数 320～340 果/株，产量为 40～45 千克/株，低产树挂果数 100～120 果/株，产量为 15～18 千克/株，产量至少 18 000 千克/公顷，高产园的可达 36 000 千克/公顷。按这两年沃柑最低销售价 10 元/千克计算，年产值为 180 000～360 000 元/公顷。在正常管理水平下，第 4 年起沃柑产量一般只增不降，产量能保持 35～45 千克/株、42 000～50 000 千克/公顷。

2. 火龙果产量和产值分析

火龙果早结性和丰产性极好。一年四季肥水供应充足的果园，嫁接苗和扦插苗当年春季定植后第 2 年 6 月起即可开花挂果投产。如"京都 1 号"火龙果在广西武鸣区种植，6—11 月期间有 11～13 批次花果，其中 6—8 月就有 6～7 批次的花果。授粉受精坐果良好的一个果实从开花到果实成熟采收一般为 35～45 天，25～35 ℃气温时生长期相对较短，30～35 天即成熟可采收。每株每批次留果 3～4 个，每果的重量在 350 克以上，按 10 批次产量计，每个植株每年产量 10.0～14.0 千克，每亩（即 667 平方米）种植约为 250 株，平均产量每年 2 500～3 500 千克/亩，按全年出园批发价平均为 10.0 元/千克计算，年产值为 25 000～35 000 元/亩。如果按全年出园批发价平均为 5.0 元/千克计，年产值为 12 500～17 500 元/亩，火龙果高产园的每年产量可达 4 500 千克/亩，产值可达 35 000 元/亩以上。

从以上数据得出这两种水果种植的产量和产值均较高，创业投资这两种水果的风险较小。

五、市场竞争力分析

在进行创业时必须要对所要生产的水果进行市场竞争力分析，分析能否产业化生产，生产的规模多大。例如，沃柑果实成熟期在每年 1—3 月，且成熟果实可自然条件下保留在树上至 3 月下旬，每年 2—3 月广西本地、全国各地及越南等东盟国家的水果市场对柑橘鲜果需求量很大，沃柑、茂谷柑等优质的晚熟柑橘果品市场竞争力处于强势地位。2015 年、2016 年销售价在 10 元/千克以上，优质果高价的可达 15～16 元/千克。通过分析，沃柑能创造极好的经济效益。

火龙果市场竞争力强，相对荔枝、柑橘等其他果树，其市场风险相对小，主要原因有两点：

一是，我国火龙果市场大。东北地区、西北地区等全国各地都有火龙果销售空间，都有特定的消费者群体，但是适宜产业化生产火龙果的区域小。我国气候适宜发展火龙果的地区只有海南全省、广西南部、广东南部、云南西双版纳等少数地区。虽然越南等东盟一些国家的火龙果也进入我国市场，但其品质与我国自产的火龙果还存在差异，对我国自产的火龙果销售压力影响不大。

二是，火龙果在每年的6—12月多批次开花结果，分批次成熟采收，供应市场时间长，分散市场销售压力，不像柑橘、荔枝、葡萄等大多数果树的果品集中成熟集中上市，市场压力大。

因此，这些年优质火龙果价格都较稳定。出园批发价年均价至少6.0元/千克，一些果园果大且甜度高的(单果重400克以上、可溶性固形物含量15%左右)火龙果批发价10.0～12.0元/千克，设施大棚种植的火龙果在1—2月成熟的果实价格更高，可达30～36元/千克。例如，在2016年8月上旬广西南宁、崇左两地“京都1号”火龙果一级果(单果重350克以上、外观无花皮现象)出园批发价为10.0～11.0元/千克，二级果(单果重150～350克、外皮无花皮现象)为8.0～9.0元/千克，三级果(单果重120～150克或外皮有花皮的大果)为5.0～6.0元/千克。因此，产业化发展火龙果能创造极好的经济效益。

六、收支风险分析

果园成本支出通常主要包括租地费用、植苗前园地挖掘及平整费用、水井等灌溉设施建设费用、生产用电设施设备及相关手续费用、苗木费用、水肥一体化设施建设及设备管道购买、肥料和农药费用、管理果树劳动力费用(含管理工人对果品销售收入的提成)。果园收入主要是投产后果品销售的收入。果园生产寿命预计至少10年，计划为12年，其中第6—10年为果园盛产期，第11—12年为衰老期。第1、2年只有投入成本而无收入，第3年起投产并开始有收入和利润。例如，果园生产期内的果品销售价预算为8.0元/千克。预计第3年产量为1 800千克/亩、第4—5年产量2 500千克/亩，第6—10年3 000千克/亩，第11—12年2 000千克/亩，建园后第4年回收第1—4年投资的生产成本，预计利润为61.98万元，预计第3—5年投产销售收入435.2万元。第1—5年生产周期的生产成本总投入为273.32万元、果园利润为161.88万元。

(一)以沃柑生产为例分析收支风险

若创业项目有6个股东，6人均为刚毕业1～2年的高等学校或中等职业学校毕业生，每人申请最高额度为10万元的小额担保贷款，共60万元；项目自筹经费40万元，共100万元。能满足项目建设第1年和第2年投资。第3年生产投资需要40.1万元由项目6个股东出资，其中拟采取“众筹”形式筹集资金15万～20万元，第4年起生产成本由项目上一年产品销售收入进行预算和开支。大面积的沃柑园因种植的苗木一般是嫁接一年生苗，肥水充足、精细管理的也要第3年起才能挂果投产。

果园生产期内的果品销售价预算为8.0元/千克。预计第3年产量为1 800千克/亩，第4—5年产量2 500千克/亩，第6—10年3 000千克/亩，第11—12年2 000千克/亩，建园后第4年回收第1—4年投资的生产成本，预计利润为61.98万元，预计第3—5年投产销售收入435.2万元。第1—5年生产周期的生产成本总投入为273.32万元、果园利润为161.88万元。本项目第1—5年生产成本及产品销售收入预算详见表3-1。第1—12年生产成本及产品销售收入预算详见表3-2，销售收入1 651.2万元，生产成本投入718.62万元、项目总利润

932.58万元。

表3-1 沃柑果园(第1—5年)生产经费收支及利润预算表

(2016年建园,果园面积80亩)

万元

序号	项目名称	收支费用					
		第1年	第2年	第3年	第4年	第5年	第1—5年各项经费合计
1	每年果园地租	−8.0	−8.0	−8.0	−8.0	−8.0	−40.0
2	园地挖掘及平整费用	−9.0	0	0	0	0	−9.0
3	灌溉水水井等设施建设费用(抽水量为30吨/小时)	−5.0	0	0	0	0	−5.0
4	果园电力设施设备及相关手续费用	−6.5	0	0	0	0	−6.5
5	优质苗木费用	−8.5	0	0	0	0	−8.5
6	简易型水肥一体化设施建设及设备管道购买	−7.0	0	0	0	0	−7.0
7	每年灌溉管道及设备维护费用	−0.5	−0.7	−2.0	−3.0	−2.0	−8.2
8	果园肥料及农药投入	−5.0	−6.5	−12.0	−16.0	−16.0	−55.5
9	果园管理劳动力投入	−17.3	−17.3	−17.3	−17.3	−17.3	−86.5
10	生产用电电费	−0.6	−0.6	−0.8	−0.8	−0.8	−3.6
11	果品销售收入	0	0	115.2	160.0	160.0	435.2
12	管理工人提成(销售收入额10%)	0	0	−11.52	−16.0	−16.0	−43.52
13	果园生产利润	−67.4	−33.1	63.58	98.9	99.9	161.88

表3-2 沃柑果园(第1—12年)生产经费收支及利润预算表

(2016年建园,果园面积80亩,生产期限:2016—2027年)

万元

序号	项目名称	收支费用			
		第1—5年各项经费合计	第6—10年各项经费合计	第11—12年各项经费合计	生产周期项目各项经费合计
1	每年果园地租	−40.0	−44.0	−19.2	−103.2
2	园地挖掘及平整费用	−9.0	0	0	−9.0
3	灌溉水水井等设施建设费用(抽水量为30吨/小时)	−5.0	0	0	−5.0
4	果园电力设施设备及相关手续费用	−6.5	0	0	−6.5

续表 3-2

序号	项目名称	收支费用			
		第 1—5 年各项经费合计	第 6—10 年各项经费合计	第 11—12 年各项经费合计	生产周期项目各项经费合计
5	优质苗木费用	−8.5	0	0	−8.5
6	简易型水肥一体化设施建设及设备管道购买	−7.0	0	0	−7.0
7	两年灌溉管道及设备维护费用	−8.2	−12	−4.0	−24.2
8	果园肥料及农药投入	−55.5	−66.6	−26.6	−148.7
9	果园管理劳动力投入	−86.5	−103.8	−41.5	−231.8
10	生产用电电费	−3.6	−4.0	−2.0	−9.6
11	果品销售收入	435.2	960.0	256.0	1 651.2
12	管理工人提成（销售收入额 10%）	−43.52	−96.0	−25.6	−165.12
13	果园生产利润	161.88	633.6	137.1	932.58

备注：(1)每个工人管理 20 亩。

(2)苗木 10 元/株，100 株/亩。

(3)园地租金第 1—5 年每年每亩 1 000 元，第 6—10 年每年每亩 1 100 元，第 11—12 年每年每亩 1 200 元。

(4)每个工人月基本工资 3 600 元。投产后，管理工作从每年销售收入中提成 10%。

(5)第 3 年果品出园销售价格平均数 8 元/千克、产量 1 800 千克/亩；第 4—5 年果品出园销售价格平均数 8 元/千克、产量 2 500 千克/亩。

(6)第 6—10 年果品出园销售价格平均数 8 元/千克、产量 3 000 千克/亩。管理工人年工资是第 1—5 年每年工资 120%。果园肥料及农药投入预计为第 1—5 年每年投入的 120%。

(7)第 11—12 年果品出园销售价格平均数 8 元/千克、产量 2 000 千克/亩。管理工人年工资是第 1—5 年每年工资 120%。果园肥料及农药投入预计为第 1—5 年每年投入的 120%。

(8)表 3-1、表 3-2 的本项目生产贷款资金为无息贷款，不计算利息。

(二)以火龙果生产为例分析收支风险

大面积的火龙果园因种植的苗木一般是嫁接或扦插一年生苗，当年春季定植的苗木，肥水充足、精细管理的当年秋季可能就有少量开花结果。以广西南宁市武鸣区瑞禾园火龙果种植合作社的 50 亩火龙果园为例，火龙果园 2014 年春季定植，当年秋冬季能收获少量果实，销售收入约 5.0 万元；第 2 年 5 月起大多数植株开花，进入正常开花结果投产期，6－11 月期间能有 11～13 批次果实陆续成熟采收销售，第 2 年起开始有收入和利润(表 3-3)。建园后第 3 年能回收前期投资的生产成本(表 3-4)，第 1—5 年地租共 25.0 万元，银行贷款利息共 12.4 万元，火龙果架子及维修共 17.8 万元，简易型水肥一体化设施建设及设备管道购买及维护共 6.3 万元，果园肥料及农药投入预算 44.5 万元，果园管理劳动力投入 54.0 万元，按 8.0 元/千克计，果品销售收入预算为 405.0 万元，利润为 198.6 万元，如果按 2016 年 6—8 月市场“京都 1 号”一级果出园批发价为 10.0 元/千克预算，第 1—5 年果品销售收入为 506.0 万元、利润为 264.0 万元。

表 3-3 火龙果园第 1—5 年生产经费收支及利润预算表

(建园时间:2014 年;面积:50 亩,品种:京都 1 号,果园地点:南宁市武鸣区) 万元

序号	项目名称	收支费用					
		第 1 年	第 2 年	第 3 年	第 4 年	第 5 年	第 1—5 年各项经费合计
1	每年果园地租	−5.0	−5.0	−5.0	−5.0	−5.0	−25.0
2	园地挖掘及平整费用	−2.0	0	0	0	0	−2.0
3	火龙果架子建设及维修	−15.0	−0.3	−0.5	−1.0	−1.0	−17.8
3	灌溉水水井等设施建设费用(抽水量为 20 吨/小时)	−3.0	0	0	0	0	−3.0
4	果园电力设施设备及相关手续费用	−3.0	0	0	0	0	−3.0
5	优质苗木费用	−15.0	0	0	0	0	−15.0
6	简易型水肥一体化设施建设及设备管道购买	−2.5	0	0	0	0	−2.5
7	每年灌溉管道及设备维护费用	−0.6	−0.8	−0.8	−0.8	−0.8	−3.8
8	果园肥料及农药投入	−7.0	−7.5	−10.0	−10.0	−10.0	−44.5
9	果园管理劳动力投入	−10.8	−10.8	−10.8	−10.8	−10.8	−54.0
10	生产用电电费	−0.5	−0.5	−0.7	−0.7	−0.7	−3.1
11	果品销售收入	5.0	40.0	120.0	120.0	120.0	405.0
12	管理工人提成(销售收入额 5%)	−0.3	−2.0	−6.0	−6.0	−6.0	−20.3
13	建园第一年生产资金贷款利息还款	−3.1	−3.1	−3.1	−3.1	0	−12.4
14	果园生产利润	−62.8	10.0	83.1	82.6	85.7	198.6

备注:1.平均产量每年 3 000 千克/亩,按全年出园批发价平均为 8.0 元/千克计,年产值为 2.40 万元/亩。

2.如果第 1 年生产资金(64.7 万元)来源全部为银行贷款,第 4 年还清银行贷款本金和利息,贷款利息则计为生产成本,利息则按中国人民银行规定的 2016 年中长期贷款(1～5 年含 5 年)年利率 4.75%计算。

表 3-4 火龙果园第 1—2 年生产主要投入项目及成本支出表

(2014 年建园植苗,品种:京都 1 号) 万元

序号	项目名称	开支费用	
		范例 1	范例 2
		果园面积 300 亩(广西崇左市宁明县)	果园面积 50 亩(广西南宁市武鸣区)
1	两年果园地租	54.00	10.00
2	园地挖掘及平整费用	9.00	2.00
3	火龙果架子	60.00	15.00

续表 3-4

序号	项目名称	开支费用	
		范例 1	范例 2
		果园面积 300 亩（广西崇左市宁明县）	果园面积 50 亩（广西南宁市武鸣区）
4	灌溉水水井等设施建设费用	15.00（从天然河道抽取河水）	3.00(钻出水量 20 立方米/小时)
5	果园电力设施设备及相关手续费用	10.00	3.00
6	优质苗木费用	90.00	15.00
7	简易型水肥一体化设施建设及设备管道购买	50.00	2.50
8	两年灌溉管道及设备维护费用	4.00	1.20
9	果园第 1 年肥料及农药投入	55.00 =45.00(化肥)+10.00(农药)	7.00 =5.00(化肥)+2.00(农药)
10	果园第 2 年肥料及农药投入	70.00=60.00(化肥)+10.00(农药)	7.50 =5.00(化肥)+2.50(农药)
11	果园地面全铺抑草布投入(使用期 4 年)	—	5.00
12	果园管理第 1 年劳动力投入	54.00	10.80
13	果园管理第 2 年劳动力投入	54.00	10.80
14	两年生产用电电费	4.00	1.00
合计		529.00	93.8

备注:1.每个工人管理 20 亩,月基本工资 3 000 元/人。投产后,管理工人从每年销售收入中提成 5%。
2.苗木 12 元/株,250 株/亩。

通过对财务收支风险的分析,接下来创业者对果园创业经费进行筹备。果园创业经费的来源目前主要有以下几种途径:项目股东成员出资、银行贷款、民间“众筹”。

七、定植苗木风险分析

定植的苗木要无病虫害、生长健壮的苗木,否则在日后生产与管理上会带来不必要的麻烦和经济损失。例如,定植的沃柑苗木全部或部分为携带黄龙病病毒的苗木,则该项目自实施之日起就存在着非常严重的风险。携带黄龙病病毒的苗木定植后最早第 2 年起就发病,最迟可能在定植后第 5 年左右发病,而且通过柑橘木虱吸食枝叶传染,导致感染植株面积扩大。据调查,广西、广东的柑橘黄龙病流行区域内,柑橘园的经济寿命平均不到 10 年。发展柑橘必须选用专业化柑橘苗木生产单位的苗木。因为苗木质量更好,所以苗木价格比市场同种类同品种的柑橘苗木价格高 20%～30%。如 2016 年春夏沃柑苗木一般生产商 500 株的批发价 5.5～6.0 元/株,前述专业柑橘育苗单位的价格为 8.0～8.5 元/株。

又如:火龙果苗木目前主要采用扦插苗或嫁接苗。因火龙果扦插苗育苗周期短,扦插育苗

2 个月就可长根可用于果园定植。种植者可到火龙果优质丰产园现场看树看果后购买健壮的枝条自行扦插育苗,以确保将要使用的种苗种质优良、生长健壮,为果园获取丰产优质的果品创造良好的基础。2015—2016 年火龙果自花授粉红肉品种“大红”及其品系(如“京都 1 号”等)的优良种苗批发价为 10.0～12.0 元/株。过于低价的苗木生长弱小、病虫害较多,优良特性也难以保证。目前,火龙果还未发现有难以防治的致命病虫害影响植株和果园的寿命。火龙果苗木风险主要看是否保证其有优良品质和丰产特性。火龙果园的经济寿命至少为 10 年。

【知识拓展】

一、农村土地流转

农村土地流转是指农村家庭承包的土地通过合法的形式,保留承包权,将经营权转让给其他农户或其他经济组织的行为。农业土地流转后利于开展规模化、集约化、现代化的农业经营。但农村土地流转的选择权在农民手中,任何个人和组织不能以任何理由强迫农民搞所谓土地流转,国家坚决制止和纠正违背农民意愿的土地流转行为。

二、众筹

众筹是指用团购＋预购的形式,向网友募集项目资金的模式。众筹利用互联网和 SNS 传播的特性,让小企业、艺术家或个人对公众展示他们的创意,争取大家的关注和支持,进而获得所需要的资金援助。

众筹主要规则如下:1. 筹资项目必须在发起人预设的时间内达到或超过目标金额才算成功。2. 在设定天数内,达到或者超过目标金额,项目即成功,发起人可获得资金;筹资项目完成后,支持者将得到发起人预先承诺的回报,回报方式可以是实物,也可以是服务;如果项目筹资失败,那么已获资金全部退还支持者。3. 众筹不是捐款,支持者的所有支持一定要设有相应的回报。

第四节　水果基地生产与经营项目(农民专业合作社)的申请

一、政府扶持水果等农业项目经费申报

当前国家和各省(自治区)政府部门如财政厅、农业厅、扶贫办、发改委、商务厅等都预算一定的经费,对包含果树种植在内的部分农业种植项目给予扶持,但各省(自治区)预算部门和预算额均不同。例如,在广西的农业项目经费申报,需向广西壮族自治区农业项目经费预算部门主要是财政厅、农业厅进行申报,相关通知可经常关注浏览广西壮族自治区财政厅网“通知公告”。这些农业项目扶持经费一般以项目申报形式申请,申请范围、补助标准与方法、补助内容、项目申报条件都有较严格的规定。一般采取“先建后补”方式,对完成项目任务并验收合格

的给予补助。例如，2015年广西壮族自治区财政厅、农业厅文件《关于申报2015年园艺作物标准化生产基地项目的通知》(桂农业发〔2015〕66号)规定：2015年园艺作物标准化生产基地项目补助经费共2 500万元，安排蔬菜项目15个，每个补助经费100万元；水果项目10个，每个70万元；茶叶项目5个，每个60万元。申报单位应为具有独立法人资格并经登记注册的农民合作社、种植大户、家庭农场或农业企业，侧重扶持农民合作社、种植大户、家庭农场。规模条件要求：申请的生产基地连片种植蔬菜(含食用菌、西甜瓜)、水果、茶叶面积1 000亩以上(或连片设施栽培面积200亩以上)，补助内容为“应用标准化生产技术”“改善生产条件”和“实施全程质量安全管理”。

2015年12月中旬，由广西农业厅牵头组织相关业务部门专家验收考核，蒙山县新圩镇兴农水果专业合作社等10个水果标准化生产基地项目合格，每个项目获取补助资金70万元。广西壮族自治区财政厅等部门联合下发文件《关于组织开展2016年自治区粮食及农林优势特色产业扶持资金项目申报工作的通知》(桂财农〔2015〕226号)，对水果产业种植业项目申报规定“集中连片露地栽培面积500亩(贫困县250亩)或设施栽培面积100亩(贫困县50亩)以上”；果蔬产地预冷库建设及采后商品化处理建设项目要求“相对集中连片的水果、蔬菜基地500亩(贫困县250亩)以上，带动辐射3 000亩以上”；水果等富硒农产品项目要求集中连片基地面积200亩以上。该文件规定“自治区补助采取以奖代补、先建后补、直接补助和贷款贴息方式，申报主体可结合实际，自行选择其中一种方式予以补助。自治区对申请贷款贴息的项目优先予以扶持。农(林)业产业化龙头企业、较大规模的种养企业、需要较大资金投入的项目申请扶持的，自治区主要通过贷款贴息补助方式支持。自治区财政补助资金原则上不超过项目总投资的40%，总额不超200万元”。2016年7月桂林市永福县“贵果蔬种植专业合作社”等9个水果生产项目获得立项，占获得立项全部项目23个的39.1%。

国家和省(自治区)地方政府对水果等种植类的扶持经费只增不减，只多不少，项目申报时间每年略有差异。

二、农民专业合作社登记申请

农民专业合作社是在农村家庭承包经营基础上，同类农产品的生产经营者或者同类农业生产经营服务的提供者、利用者，自愿联合、民主管理的互助性经济组织。设立农民专业合作社应当具备的条件，农民专业合作社章程应当载明的事项，向当地工商行政管理部门申请设立登记时应当提交文件，国家及地方扶持政策等，在中华人民共和国主席令(第八十三号)《中华人民共和国农民专业合作社法》中均有明确规定。

(一)农民专业合作社设立应当具备下列条件

(1)有5名以上符合规定的成员，农民至少应当占成员总数的80%；

(2)有符合规定的章程；

(3)有符合规定的组织机构；

(4)有符合规定的名称和章程确定的住所；

(5)有符合规定的成员出资。

(二)农民专业合作社申请设立登记时需要提交的文件

农民专业合作社由所在地的以上市场监督管理部门登记，登记办事指南可登录当地县级以上市场监督管理局官方网站，搜索链接或直接搜索进入“广西数字政务一体化平台 ”(网址：http://zwfw.gxzf.gov.cn/)，在该平台检索栏输入“农民专业合作社”进行检索，查阅并下载农民专业合作社的“办理流程”和“办理材料及目录”相关表格。申请设立登记时需要向市场监督管理部门提交下列文件：

(1)农民专业合作社登记(备案)申请书；

(2)成立大会纪要；

(3)农民专业合作社章程；

(4)法定代表人、理事长、理事、监事的任职文件；

(5)住所使用证明；

(6)住所(经营场所)使用承诺书；

(7)全体设立人的身份证件和户口薄复印件；

以上材料填报要求请参阅各材料的“填报须知”和“详情”。

(三)农民专业合作社章程应当载明的事项

(1)名称和住所；

(2)业务范围；

(3)成员资格及入社、退社和除名；

(4)成员的权利和义务；

(5)组织机构及其产生办法、职权、任期、议事规则；

(6)成员的出资方式、出资额；

(7)财务管理和盈余分配、亏损处理；

(8)章程修改程序；

(9)解散事由和清算办法；

(10)公告事项及发布方式；

(11)需要规定的其他事项。

登记机关受理登记申请法定办结时限为 15 个工作日。通常承诺办结时限为 10 个工作日，向符合登记条件的申请者颁发营业执照，申请登记农民专业合作社业务不收费。

【知识拓展】

一、个人独资企业设立登记

(1)办理企业名称预先核准，或者企业登记(备案)等业务，可以登录国家工商行政管理总局网站，或者登录中国企业登记网，从首页“表格下载”栏目下载相关登记(备案)申请文书，按照登记(备案)申请文书所附填写要求填写。

(2)提交的登记申请文书与其他申请材料应当使用 A4 型纸。

(3)提交材料未注明提交复印件的,应当提交原件;提交复印件的,应当注明“与原件一致”并由申请人签署,或者由其指定的代表或共同委托的代理人加盖公章或签字。

(4)提交材料涉及签署,未注明签署人的,自然人由本人签字,法人和其他组织由法定代表人或者负责人签字,并加盖公章。

二、个人独资企业设立登记需要提交材料

(1)投资人签署的《个人独资企业登记(备案)申请书》。

(2)投资人身份证明。

(3)投资人委托代理人的,应提交投资人的委托书和代理人的身份证明或资格证明。

(4)企业住所证明。

(5)法律、行政法规规定必须报经有关部门审批的业务的有关批准文件。

(6)国家工商行政管理总局规定提交的其他文件。

个人独资企业登记办理时限:10个工作日。其他事项可登录当地工商行政管理局的官方网站“办事指南”栏查阅。

案例分析

案例　广西这群“80后”小伙以榜样的力量,带动乡亲提升种植

案例选自新媒体《农财网农化宝典》,故事的主人翁都来自广西农业职业技术学院园艺技术专业2002级学生,他们的创业故事如下。

在广西南宁,有一群志同道合的“80后”小伙,他们怀揣着同样的现代农业梦想,将传统的农业生产变得更加生态高效,致力于用榜样的力量,来实现规模农业的全程解决服务;同时还带动周围种植大户走上特色种植致富道路,获得央视一套栏目《中国影像方志》广西宁明创业记的专题报道,演绎出“以梦为马、不负韶华”的励志青春。

图3-2　梦湘源团队(左一为杨泽湘)

图3-3　梦湘源火龙果标准种植基地

团队带头人杨泽湘，2005年毕业于广西农业职业技术学院。本着学以致用的心态，也看中农业的发展前景，杨泽湘毕业后便选择留在家乡，投身于广西农资与香蕉种植圈。也正因为有此经历，杨泽湘对当时粗放落后的种植管理水平感到可惜而无奈。

农户缺乏专业种植技术指导，市场缺乏多元优质产品配套，农资投入品单一，过量施用化肥损伤土壤原生态等因素，都极大地限制着农作物的增产和提质。如何让农户实现生态高效种植，在降低种植成本同时，既不破坏土壤生态，又能帮助农户增加投入产出比，种出高品质的农产品？这让杨泽湘在迷茫枯燥的农业生涯中找准了前行的目标。

2015年2月，杨泽湘带领着一群志同道合的80后小伙创办广西梦湘源生态农业科技有限公司（下称“广西梦湘源”），致力于推行生态科技高效种植模式。“农业应当是趋向于生态健康的，而且是带有科技含量的。”杨泽湘认为这是他们团队踏上寻梦之路的初衷。

然而，刚踏上寻梦之路，杨泽湘与其团队便陷入困境。梦湘源生态高效种植模式，关键在于土壤改良、植物营养和病虫害防治，传统产品无法达到高标准种植要求，找准合适的农资投入品成为他以及团队急于攻克的难题。在偶然机会下，杨泽湘找到了具有食品级有机源的安琪酵母股份有限公司。

经与安琪公司进行深入交流，杨泽湘认识到安琪酵母源有机营养肥采用酵母发酵营养液为有机质原料，为食品级植物营养物质，安全性高、营养物质丰富，对改善土壤、增强作物品质具有很好的功效。再结合优质无机营养肥料，他认为这绝对是一套完美的组合型套餐，足以使梦湘源的生态高效种植模式逐渐打造成型。然而，圆梦之路似乎有着无尽的坎坷，杨泽湘与其团队在推行生态高效种植模式的开始阶段，并没有得到种植户的重视。问题出在哪里呢？缺乏榜样示范。

杨泽湘与团队认为，未来农业的推广种植模式更倾向于一种榜样的力量，那就是让种植户眼见为实，与其在种植户地里做示范，还不如自己动手做农场，做好榜样示范。于是，杨泽湘与团队先后投入600多万元，在南宁崇左市宁明县明江镇驮排屯，建设起300亩无公害火龙果标准化示范基地。杨泽湘邀请母校广西农业职业技术学院和广西大学、广西农科院等专家前往基地进行栽培技术指导。同时，招聘高校毕业生加入其创业团队，以进一步丰富团队技术力量。

从2016年总产量30万千克，到2017年超过75万千克，杨泽湘与其“80后”团队不断刷新着火龙果基地的总产量数据，而且，这是在与原来投入成本相当的情况下完成的。与此同时，同属梦湘源旗下的崇左新和农场，先后投入1 000万元，种植青枣300亩、沃柑200亩和火龙果100亩，同样主打生态高效种植模式，因管理得当、品质上乘，当年预计总收入能达到900多万元，效益惊人。

图3-4　梦湘源火龙果基地喜获丰收

农场项目的成功，让杨泽湘和团队大大舒了一口气。如今，周边的种植户纷纷前来梦湘源农场参观交流、就连附近的基地也慕名前来学习管理技术。随着模式的逐渐成熟，杨泽湘与其团队引导和资助当地种植户发展种植火龙果、青枣、沃柑等特色水果达 8 000 多亩。同时，团队采用“公司＋农户”模式，向种植户提供资金、技术和销售途径，带动乡亲实现生态高效种植，实现共同致富。

标准规划种植，生态高效管理，使得梦湘源农场种出甜度高、品质好的特色水果，也令杨泽湘团队的生态高效种植模式得以顺利推行，实现圆梦。杨泽湘称，这就是“榜样的力量”。

【案例分析】

广西梦湘源生态农业科技有限公司经广西工商行政管理局批准成立。注册资金 2 000 万元，是一家集销售化肥和农场产业化相结合的新型公司。公司农场部有崇左市宁明农场和崇左市新和农场。分析其创业成功的原因，主要是农场项目具有自己的特色与优势，团队团结协作；看准了火龙果发展趋势与前景，做好市场分析；选好用地、定准生产规模。

一、创业团队特色

从以上案例可知“梦湘源”农场项目是非常成功的。“梦湘源”主要成员来自同一个班，有着相同的梦想。他们都具有自信、自强、自主、自立的创业精神；他们勤学好问，能从实际出发，根据环境的变化对他们的创业活动做出相应的调整；他们诚信、诚实，有责任感，他们的合作社吸纳当地贫困户 94 户，为当地产业扶贫起到了较好的表率作用，取了良好的社会效益和经济效益。

团队具有较强的专业知识。他们充分利用园艺专业知识，改变了过去农资投入品单一现象；他们在生产时进行土壤改良，少施用化肥多用有机肥；加强病虫害防治，推行生态科技高效种植模式，采用高标准种植，果品品质高，卖价高。

二、做好市场分析，把握机会

团队在创业前做好市场调研，充分了解火龙果发展趋势与前景。在调研中，团队发现，选择种植火龙果的人是越来越多的，分析其原因：

第一，火龙果的市场需求不错，市场批发价格一般在 6～10 元一斤，零售价则在 10～15 元。

第二，火龙果自身的营养价值很高，耐储存，是一种无毒、无污染的绿色食品，可远距离鲜销。

第三，火龙果耐旱、耐贫瘠，对土壤的要求不高，平地、水田、山坡或旱地均可栽培；在肥沃、排水良好的中性或微酸性沙红壤或壤土中生长良好，具气生根，生命力旺盛，病虫害少，粗生易管理。

第四，深度加工开发前景广阔，生产与深度加工的经济效益均十分显著，是我国热区产业结构调整比较理想的热带亚热带水果品种之一。

第五，火龙果在我国的栽培历史较短，全国的栽培面积十分有限，供给与需求差距巨大，销售前景看好。

“梦湘源”团队看到了这些商机，充分利用广西优越的地理位置和气候条件，选定种植生产火龙果项目，前景非常广阔。

三、选好用地、定准生产规模

团队的生产用地选择合理，用地交通便利：梦湘源火龙果种植专业合作社在明江镇祥春村驮排屯建立火龙果种植基地，种植“京都一号”火龙果。生产基地位于南宁崇左市宁明县明江镇驮排屯，具有优越的区位优势：基地背靠南宁、崇左两大中心城市，左右连接东兴、凭祥两大边陲重镇，面向越南及东南亚各国，具有沿边、沿河、沿铁、沿高速公路的优势；是连接中国-东盟自由贸易区的结合部和最便捷的陆路大通道，是国家二类口岸，也是广西通往越南的重要陆地口岸；生产基地地处亚热带，依山环水，具有得天独厚的气候条件，为高品质火龙果生产提供了优越的条件。

团队先后投入600多万元，建有300多亩无公害火龙果标准化示范基地。通过“龙头企业＋合作社＋农户＋基地”模式，向农户提供种植技术并统一收购销售。经过五年的发展，目前基地种植面积达300余亩，亩产量达3 500公斤，2020年总产量达50万公斤，产值在300万～350万元。

四、项目对社会的影响

（一）社会效益

据相关报道：该合作社还吸纳当地贫困户94户，通过小额信贷扶贫资金入股的方式入股，目前累计给贫困户发放分红95.4万元。同时，合作社和基地为贫困户创造就业岗位300余个，累计发放工资200多万元，取得了良好的社会效益和经济效益。

（二）生态效益

300多亩无公害火龙果标准化示范基地，实施水肥一体化管理，节水省肥，提高了水肥利用率；果树病虫害防治以低毒无公害的生物农药为主，生产使用化肥和农药对土地污染少；果树绿化了300多亩荒坡，防止水土流失，改善了果园所在区域的生态环境，提高了空气质量。因此，生态效益良好。

“梦湘源”团队将传统的农业生产变得更加生态高效，带动周围种植大户走上了特色种植致富道路。

练习思考

1.试述水果市场调查的方法和内容

2.试述水果生产创业项目风险包括哪几项内容。

3.研究中央“关于发展家庭农场的政策”文件和相关的农业补助政策。

4.撰写火龙果生产与经营创业项目书。

参考文献

[1] 周伟民.创业学.北京:人民邮电出版社,2005.

[2] 李家华.创业基础.北京:北京师范大学出版社,2012.

[3] 梅强.创业基础.北京:清华大学出版社,2012.

[4] 创办你的企业,创业计划书.北京:中国劳动社会保障出版社.

[5] 新手创新创业项目组.开家赚钱的花店.北京:化学工业出版社,2018.

[6] 李建勇.企业老板成功创业的智慧之门.北京.金盾出版社,2015.

[7] 清璇.花店经营与管理.北京:化学工业出版社,2020.

[8] 朱迎迎.插花艺术.北京:中国林业出版社,2013.

[9] 申晓萍.观赏植物栽培.北京:高等教育出版社,2015.

[10] 吴海东.绿色蔬菜自己种.北京:化学工业出版社,2011.

[11] 绿园绿色蔬菜有限责任公司创业计划报告.
http://www.taodocs.com/p-57910390.html,2016.8.4.

[12] 美女种蔬菜创业当菜贩.
http://www.koduo.com/fangshi/nvxing/31702.html.2014.9.6

[13] 国务院:大学生创业可享受十二项优惠政策.
http://edu.163.com/15/1118/06/B8MCIDJG00294MPB.html.

[14] 科技特派员创业项目申报书.
http://wenku.baidu.com/view/956aab59be23482fb4da4cb0.html.